初めてだけど、いっぱいやりたい！

Premiere Pro
よくばり入門

Cross Effects
金泉太一 著

改訂版

Windows
& Mac

JN016056

インプレス

本書について

● 用語の使い方
本文中では、「Adobe Premiere Pro 2023」のことを「Premiere Pro」と記述しています。また、本文中で使用している用語は、基本的に実際の画面に表示される名称に則しています。

● 本書の前提
本書では、「Windows 11」に「Premiere Pro 2023」がインストールされているパソコンで、インターネットに常時接続されている環境を前提に画面を再現しています。そのほかの環境の場合、一部画面や操作が異なることがあります。

はじめに

今では世界的に大きな地位を確立したYouTubeですが、スタートは2005年と、すでに20年近くもの歳月が流れています。

ビデオテープで映像を見ていた時代が、いつの間にか街の至るところにあるサイネージで映像が流れるようになり、同時に人々はオンライン上のコンテンツに釘付けになっている。そして映像はいよいよ現実世界を飛び越えた、仮想空間や拡張現実といった新たな空間にも投影されるようになり、ありとあらゆる場面で使われる時代になりました。そんな当たり前に身近になった映像コンテンツですが、単にそれらを視聴するだけではなく、発信者側に立って活用したいと考える個人や企業、また、それらを制作をしたいと考える映像クリエイターを目指す人も年々増えています。

本書では、これから映像クリエイターの道を歩み出す方に、もっともよく使われる映像編集ソフトの1つである、Adobe Premiere Proの使い方をレクチャーしていきます。おそらくこの書籍を読み終わる頃には、自らで何かをつくって表現してみようといった具合に、自走力が上がっていることと思います。

クリエイティブな世界には正解や不正解といったシンプルな回答では解決できない場面が多数存在します。
日々のたくさんのインスピレーションからのインプットとアウトプット、そして地道な失敗と改善の繰り返しを通じて、そのときどきのベストな回答を選択しなければなりません。言い換えれば終わりなき学びです。そのような明確な答えというものが存在しない世界ではあっても、テクノロジーの進化は、私を含む迷えるクリエイター達を希望の光で照らしてくれます（行き過ぎた進化はときに恐怖とも捉えられがちですが……）。

本書で紹介する、Adobe Premiere Proを使った映像コンテンツ制作も、近年ではAIツールが多く導入され、制作プロセスを幅広くサポートをしてくれるようになりました。たとえば、コンテンツの尺や量によっては、多くの時間を奪ってきたテキスト入力作業も、今では一瞬で自動文字起こしをしてくれます。カラーだって自動補正機能があり、BGMだって一瞬でリミックスして長さを調整してくれる時代です。本書の各レッスンの解説動画もそれらのAIツールの助けを借りて効率的に制作できました。

このように多くのことをAIが補助してくれるようになったので、浮いた時間を使って、これまでよりもクリエイティブな試行錯誤の回数を増やすことができるかもしれません。
これからの映像の発展は、あまりにも速過ぎて筆者ごときでは予想ができませんが、何事においても、基礎という部分をすっぽかしては目的を成し遂げることは難しいと思っています。

本書をうまく活用して、基礎の部分をしっかり固めていただき、そしてさまざまに進化していくテクノロジーを上手に使いこなして、素晴らしいクリエイターになれることを願っています。

2023年7月
Cross Effects　金泉　太一

CONTENTS

CHAPTER 3
動画編集の基本テクニックをマスターする

CHAPTER 4
アニメーションやエフェクトを使いこなす 111

練習用ファイルについて

● 練習用ファイルのダウンロード

本書で使用する練習用ファイル、および特典ファイルは、以下のURLからダウンロードできます。

※画面の指示に従って操作してください。
※ダウンロードには、読者会員システム「CLUB Impress」への登録（無料）が必要となります。
※本特典の利用は、書籍をご購入いただいた方に限ります。

https://book.impress.co.jp/books/1122101181

本書が提供する練習用ファイル、および練習用ファイルに含まれる素材は、本書を利用してPremiere Proの操作を学習する目的においてのみ使用することができます。
特典ファイル（ライトリークス素材）、BGMファイルについてはご自由に制作にお使いいただけます。
ただし次に掲げる行為は禁止します。

素材の再配布／公序良俗に反するコンテンツにおける使用／違法、虚偽、中傷を含むコンテンツにおける使用／その他著作権を侵害する行為

● 練習用ファイルのフォルダー構成

練習用ファイルは、Chapterやレッスンごとにフォルダーを分けて保存してあります。レッスン数が多いChapterは、「Part1」「Part2」のようにフォルダーを分割しています。

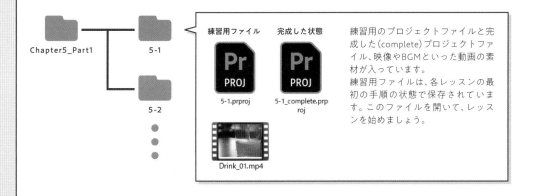

練習用ファイル　完成した状態

5-1.prproj　5-1_complete.prproj

Drink_01.mp4

練習用のプロジェクトファイルと完成した（complete）プロジェクトファイル、映像やBGMといった動画の素材が入っています。
練習用ファイルは、各レッスンの最初の手順の状態で保存されています。このファイルを開いて、レッスンを始めましょう。

Chapter5_Part1　　5-1

5-2

※練習用ファイルのフォルダー構成はファイルサイズを最小限に抑えるため、フォルダーの数をできる限り少なくしています。そのため、本書の第2章レッスン1で紹介するフォルダー構成とは異なります。

本書の読み方

本書の内容はWindowsとMacの両方に対応していますが、解説内容はWindowsを基準としています。Macの場合はキー操作をする際、Ctrl を ⌘、Alt を option、Enter を return に置き換えてください。

ハッシュタグ
このレッスンで学ぶ内容やキーワードです。

レッスンタイトル
このレッスンでやることをひと言で表しています。

二次元バーコード
このレッスンの解説動画にアクセスできます。

練習用ファイル
このレッスンで使用するプロジェクトファイルの名前です。各レッスンはこのファイルを開いてから始めましょう。

このレッスンで学ぶこと
このレッスンでつくる作例の紹介や、学ぶ機能の図解をしています。

知りたい！
具体的な操作に入る前に知っておきたい知識や情報を紹介。レッスンの内容がより深く理解できるようになります。

アドバイス
著者によるワンポイントアドバイスや豆知識です。

CHAPTER 5　#ライトリークス

LESSON 3

光が入り込んだやわらかな雰囲気の動画をつくろう

動画に「ライトリークス」と呼ばれる木漏れ日の光のような素材を追加することで、ノスタルジックな雰囲気になります。

動画でもチェック！
https://dekiru.net/yprv2_503

練習用ファイル
5-3.prproj

ライトリークスの素材をクリップの上に重ねることで、やわらかい雰囲気やあたたかな雰囲気、幻想的な雰囲気など、さまざまなイメージの動画に仕上げることができます。ここでは、アジサイのクリップにライトリークスをかけて、夕暮れの雨上がりにやわらかな日差しが広がるような演出をしてみましょう。

ライトリークスはAdobe After Effectsでエフェクトを駆使して作成できるほか、素材配布サイトなどからダウンロードすることもできます。

＼知りたい！／

● ライトリークスとは？
ライトリークス（Light leaks）とは、光が漏れた効果のことを指します。もともとはフィルムを現像中に誤って光を当ててしまったのがはじまりといわれており、それを逆手にとって印象的な光の効果を演出するようになりました。ここでは、ライトリークスを素材（クリップ）として用意しています。

ライトリークスの素材

206

本書は、紙面を追って読むだけでPremiere Proを使った動画づくりをとことん楽しめるように構成されています。はじめてでも迷わず操作でき、経験者でも納得のきめ細かな解説が特徴です。

操作解説
実際の画面でどのように操作するか、ステップごとに解説しています。
各手順ごとに操作目的がひと目でわかる見出しをつけています。

ここがPOINT
操作の注意点や、便利技を解説しています。

もっと知りたい！
レッスンで学んだことのステップアップにつながる知識やノウハウを紹介しています。

※ここに掲載している紙面はイメージです。
実際のレッスンページとは異なります。

本書の構成

本書は6つの章で基礎から応用、発展まで学べるように構成されています。

基礎

Premiere Proを始めよう
Premiere Proでできることや、
動画編集の流れについて解説します。

Premiere Proの基本操作を覚える
Premiere Proの起動から
終了までの基本操作を解説します。

動画編集の基本テクニックをマスターする
カット編集やテキストの挿入など、
簡単な編集作業を解説します。

応用

アニメーションやエフェクトを使いこなす
アニメーションの設定や、文字起こしベースの編集など
魅せる動画をつくるさまざまな機能について解説します。

クオリティをアップする！こだわり演出手法
ワンランク上の動画に仕上げるこだわりのつまった
演出手法を紹介します。

発展

プロの現場を体験！動画制作テクニック
これまでの章で学んだテクニックを活用して、
レシピ動画とプロモーション動画をゼロからつくっていきます。

ステップアップに役立つ知識
動画編集を効率化する、ショートカットキー一覧や素材サイトを紹介
します。

CHAPTER 1

Premiere Proを
始めよう

動画編集ソフトPremiere Proとは
どういうツールで、何ができるのかを解説していきます。
動画制作全体の流れの中でPremiere Proが
どんな位置づけなのかも理解しましょう。

LESSON 1

Premiere Proとは？

テレビや映画、投稿動画など、日常にはさまざまな動画作品があふれています。Premiere Proは
そんな動画作品を制作するツールです。

Premiere Pro（バージョン23.5）の起動画面。画像はバージョンアップのたびに変更される

映像を「作品」にするツール

巷にはテレビ番組や映画、ネットで配信される動画などさまざまな映像があります。ふだんは
なにげなく目にしていますが、意識して見てみるといろいろな気づきがあるものです。
たとえば画面が切り替わったり、字幕が表示されたり、アニメーションがついていたり。私た
ちが日頃なにげなく見ている映像は、このように、さまざまな工夫が凝らされています。そ
してこの工夫によって、見ている人の注目を集めたり、作品性を高めたり、また限られた時
間内に収めたりといったことを実現しているのですが、その工夫を実現するためのツールが
Adobe Premiere Pro（アドビプレミアプロ、以下Premiere Proと表記）です。

プロも使う定番ツール

Premiere Proは、映像をつなげたり、字幕を入れたりといった、動画作品をつくるためのソフ
トです。この分野では定番ツールといってもいいくらいの存在で、ハリウッド映画などでも使
われています。最近ではYouTubeなど動画配信のニーズが高まっているため、使いやすく、機
能も豊富なPremiere Proは、プロはもちろん、一般のユーザーを含めた幅広い人に使われて
います。本書では、これから動画編集を始めたい人や、よりクオリティの高い作品をつくりた
い人のために、プロのノウハウを伝授します。

CHAPTER 1

LESSON
2

#Premiere Proの概要

Premiere Proでできること

さまざまな機能が備わっているPremiere Pro。このレッスンでは、動画編集においてPremiere
Proでどのようなことができるのかざっくりと紹介します。

色の補正
色合いを調整してシネ
マライクな雰囲気に見
せる演出

テロップの挿入
動画の内容を、場面ご
とにテキストでわかり
やすく説明する

マスクの活用
映像内の特定の部分を
切り抜いて目立たせる
演出

速度変更
再生スピードを変える
ことでドラマチックに
見せる演出

エフェクト
動画に効果を与えて2
つのシーンが重なり合
う演出

素材の追加
光のパーツを追加して
やわらかい雰囲気に見
せる演出

> ここで紹介したのは、本書で
> 解説している演出テクニック
> の一部です。Premiere Proに
> はこのほかにもさまざまな機
> 能があります。

カット編集を主に動画作品を制作できる

Premiere Proは、簡単にいうと素材を1つにまとめて作品をつくるためのソフトです。スマー
トフォンやデジタルカメラ、ビデオカメラなどで撮影した動画や静止画をつなげたり、不要な
ところを削除したり、といった「カット編集」を主に、BGMやナレーションの追加、テロップ
の挿入、素材の合成など動画制作における作業は一通りこなせます。

YouTubeやその他SNS用などさまざまな形式に書き出せる

作成した動画は目的に合わせて書き出しをする必要があります。
Premiere Proでは高画質、低画質など必要に応じて書き出す形式を選べるほか、YouTubeや
Twitterなど各種SNSで公開するための形式も用意されています。詳しくは43ページで解説
します。

初心者でもクオリティの高い作品がつくれる

Premiere Proのユーザーなら、Adobe Stock（アドビストック）というストックフォトサービス（素材サイト）を利用できます。Adobe Stockには、美しいグラフィックやアニメーションのテンプレートが豊富にそろえてあるため、初心者でも簡単にクオリティの高い動画作品がつくれるのも特徴の1つです。詳しくは225ページで解説しています。

Adobe StockのWebサイト

動画素材

➕

テンプレート素材

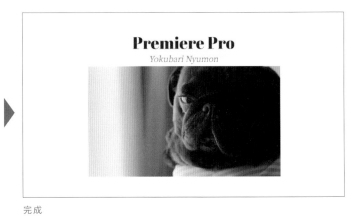

完成

もっと
知りたい！

● Adobe After Effectsとは？

Adobeが提供するソフトで、Premiere Proと並んで動画制作によく使われるのが「Adobe After Effects」（アドビアフターエフェクツ）です。After Effectsは、グラフィックに動きをつける「モーショングラフィックス」の作成を得意としたソフトで、たとえば動画のタイトルロゴを動かすといったシンプルなアニメーションから、映画やCMなどに欠かせない特殊効果の作成まで行えます。

CHAPTER 1

LESSON **3**

#動画制作の全体像

Premiere Proを使った
動画制作の流れを知ろう

動画制作全体の流れを理解しましょう。作品の具体化から公開に至るまでの大まかな流れを説明します。

● 動画制作の流れ

| ① 作品イメージを具体化する | ② 撮影する | ③ ファイルを読み込む | ④ カット編集をする | ⑤ 効果を追加する | ⑥ 文字を挿入する | ⑦ 音を追加する | ⑧ 書き出し | ⑨ 配信する |

Premiere Proで行える範囲

> このレッスンではざっくりとした流れを紹介するので、1つ1つをしっかり覚えるというわけではなく、こんな感じで作業をするんだという感覚で気楽に読んでみてください。

①作品イメージを具体化する

まずはどういった作品にしたいのかというアイデアを具体化していく作業が必要です。たとえば商品の宣伝動画をつくりたい場合、商品単体の動画にするのか、人が商品を紹介する動画にするのか、といった商品自体の見せ方に加えて、アニメーションの挿入やBGMはどのタイミングで入れるのか、といった演出効果まで、さまざまな要素をまとめなければいけません。YouTubeやVimeoなどで公開されている動画を参考にして、字・絵コンテなどに落とし込んでいくと、必要な素材がイメージできるのでスムーズに動画制作を行えます。

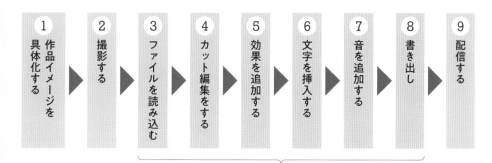

絵コンテをつくって、どういうシーンを見せるか、そのときにどんな演出が必要か、といったことを整理する

②撮影する

動画作品をつくるには、当然ですが動画を撮影する必要があります。絵コンテで描いたシーンを、実際に撮影していきます。今ではスマートフォンでも簡単に、きれいな動画を撮れる時代です。スマートフォンで撮影するための機材も充実しているので、ビデオカメラなど専用の機材がなくても気軽に動画撮影を行えます。もっとカラーや画質などにこだわりたい場合は、デジタル一眼レフカメラやシネマカメラなども選択肢の1つになるでしょう。

動画作品の仕上がりは、撮影のクオリティに大きく左右される

③ファイルを読み込む

ここからがPremiere Proの出番です。動画作品は、撮影した動画をそのまま使うわけではありません。撮影した動画を編集することで、作品としての完成度を高めていきます。編集するためには、Premiere Proに動画ファイルを読み込む必要があります。動画、音声、画像などさまざまな素材を一度に読み込めます。

ファイル読み込み ➡ 33ページ

撮影した動画や、音声などの素材をPremiere Proに読み込む

④カット編集をする

読み込んだ素材を、Premiere Proの「タイムライン」と呼ばれる作業スペースに並べていきます。不要な箇所を削除したり、動画をつなげたりして、作品全体の流れをつくっていきます。

タイムライン ➡ 54ページ
カット編集 ➡ 58ページ

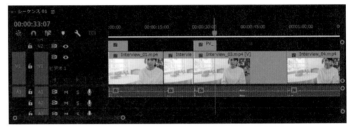

タイムライン上で素材の切り貼りをする、カット編集

⑤効果を追加する

全体の流れができたら、より魅力的な動画になるようにさまざまな演出を加えていきます。素材にエフェクト（効果）をかけたり、トランジション（場面転換）の効果を追加したりすることで演出を工夫していきます。

エフェクトの適用 ➡ 81ページ

場面が切り替わるときの演出効果を
追加して、動画の作品性を高める

⑥タイトルやテロップを入れる

カット編集や効果を追加して動画のおおよその構成ができあがったら、タイトルやテロップなどテキスト情報を入力していきます。

テキスト入力 ➡ 96ページ

タイトルを入れて、動画の作品性を
高める

⑦音を追加する

ビジュアル要素ができあがったら、BGMやナレーションなど音声を挿入していきます。音量や音質の調整などもPremiere Pro上でできるので、別のソフトを使わずにワンストップで動画作品が完成します。

音の挿入 ➡ 106ページ

音声もタイムライン上で追加できる

⑧書き出し（レンダリング）

動画が完成したら、MP4やMOVといった汎用的な動画フォーマットに書き出します。この作業を「レンダリング」といいます。レンダリングをもって、動画作品の完成です。

書き出し ➡ 43ページ

最後に行う作業がレンダリング。YouTubeやTwitterなど公開先に合わせた形式で書き出すこともできる

⑨YouTubeなどさまざまなメディアで公開

書き出した動画をYouTubeやVimeoなどの動画共有サイトで公開したり、DVDやBlu-rayなどの光学メディアで配布したりします。

公開していろいろな人に視聴してもらい、レビューや視聴回数を参考に、どうすればもっとよい動画を作成できるのか探求していくことが大事です。

著者が動画を公開する「Cross Effects Tutorial」
https://www.youtube.com/c/CrossEffectsTutorial

Adobeソフト同士はシームレスに連携しているから便利

Adobeは、Premiere Proだけでなく、画像編集が行えるPhotoshop、ベクターグラフィック
を作成できるIllustrator、モーショングラフィックスやビジュアルエフェクト制作が行える
After Effectsなど、多くのクリエイティブソフトウェアをリリースしています。Premiere
Proは使ったことがないけれど、PhotoshopやIllustratorなら使ったことがある、という人
もいるかもしれませんね。
これらAdobeのソフト同士は連携可能です。たとえばPremiere ProにAfter Effectsでつ
くった素材を組み込んだとします。その状態でAfter Effects上で素材を修正すると、自動的
にPremiere Pro上の素材にも反映されるのです。このように連携させれば、ソフトの特長
を活かしながら効率よく作業できます。ここでは連携の例として[Dynamic Link]の使い方
を紹介しましょう。

●Premiere Proで編集中のクリップをAfter Effectsで編集する

Premiere Proの画面でAfter Effectsで
編集を加えたいクリップを右クリックし、
[After Effects コンポジションに置き換え]
を選択します❶。

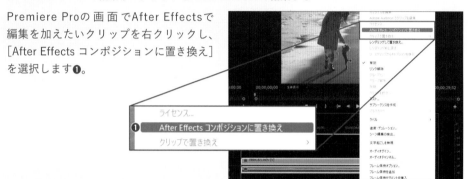

すると、After Effectsが起動し、Premiere Proで編集中のクリップが表示されるので、
編集を行います。

After Effectsの編集画面

After Effectsで編集を行う

Premiere Proの編集画面に戻るとAfter
Effectsで編集した内容が反映されている
のがわかります。

いきなり操作方法が出て驚
いたかもしれませんが、こん
な感じでソフト間の連携が
できることを知ってもらい
たくて紹介しました。

Premiere Proの編集画面

CHAPTER 2

Premiere Proの
基本操作を覚える

ここでは、Premiere Proを使った動画編集をざっと体験していきます。
プロジェクトを作成し、動画素材を並べ、
書き出すまでの流れを体験しながら
Premiere Proの画面の見方や
基本的な操作方法を学びましょう。

CHAPTER 2
LESSON
1

#フォルダー構成と作業用フォルダー

素材を管理するフォルダーを作成しよう

動画でもチェック！

https://dekiru.net/yprv2_201

Premiere Proでは、編集している動画を「プロジェクト」というファイルで管理します。プロジェクトには、動画や音声など多くの素材がひもづくため、フォルダー構成も大切です。

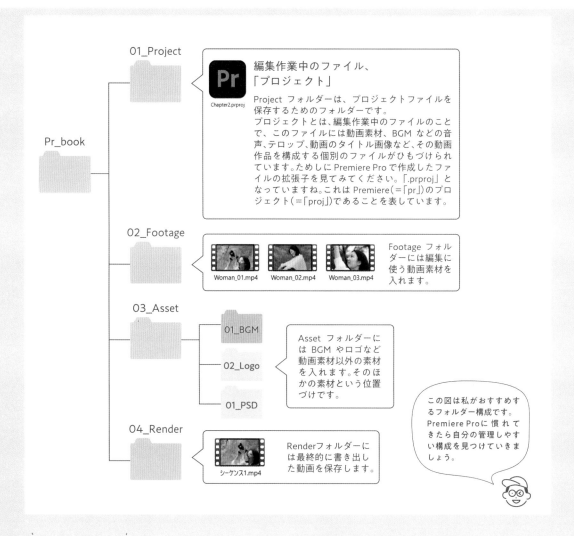

01_Project

編集作業中のファイル、「プロジェクト」

Project フォルダーは、プロジェクトファイルを保存するためのフォルダーです。
プロジェクトとは、編集作業中のファイルのことで、このファイルには動画素材、BGM などの音声、テロップ、動画のタイトル画像など、その動画作品を構成する個別のファイルがひもづけられています。ためしに Premiere Pro で作成したファイルの拡張子を見てみてください。「.prproj」となっていますね。これは Premiere（＝「pr」）のプロジェクト（＝「proj」）であることを表しています。

Chapter2.prproj

Pr_book

02_Footage

Woman_01.mp4　Woman_02.mp4　Woman_03.mp4

Footage フォルダーには編集に使う動画素材を入れます。

03_Asset

01_BGM

02_Logo

01_PSD

Asset フォルダーには BGM やロゴなど動画素材以外の素材を入れます。そのほかの素材という位置づけです。

この図は私がおすすめするフォルダー構成です。Premiere Proに慣れてきたら自分の管理しやすい構成を見つけていきましょう。

04_Render

シーケンス1.mp4

Renderフォルダーには最終的に書き出した動画を保存します。

知りたい！

● 多くの素材を上手に管理するコツは？

動画制作には、動画のほかにも静止画やBGMなどさまざまな素材が必要です。編集中にこういった素材にスムーズにアクセスできるように、わかりやすくフォルダーを分けて管理する必要があります。プロジェクトごとにフォルダーをつくり、そのプロジェクトで使うファイルを種類ごとにフォルダーに格納するのがおすすめです。

拡張子を表示する

Premiere Proのプロジェクトでは、さまざまな種類のファイルを扱います。ファイルを読み込むときにそれが何のファイルかわかるように、ファイルの拡張子を表示する設定にしましょう。

① エクスプローラーを開きます❶。[表示]をクリックし❷、[表示]❸→[ファイル名拡張子]にチェックを入れます❹。

ここがPOINT

拡張子はファイルの種類を判別する記号

パソコンで扱うファイルには、動画、音声、文書などさまざまな種類があります。拡張子は「.」と英数字で構成されたファイルの識別子（ファイルの種類を表す記号）で、ファイル名の末尾につきます。たとえばプロジェクトファイルなら「.prproj」、動画なら「.mp4」、音声なら「.mp3」などとなります。

プロジェクト全体を格納する
フォルダーを作成する

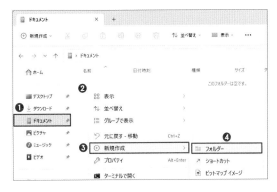

ここでは例として、PCの[ドキュメント]フォルダーにプロジェクトを管理するフォルダーを作成します。

① [ドキュメント]フォルダーを開きます❶。フォルダー内の余白を右クリックして❷[新規作成]❸→[フォルダー]をクリックします❹。

② 新しいフォルダーが作成できたことを確認し、フォルダー名を「Pr_book」とつけます❺。

素材を格納するフォルダーを
作成する

① 「Pr_book」フォルダーの中にフォルダーを3つ作成し、それぞれ「01_Project」❶、「02_Footage」❷、「03_Render」という名前にします❸。

ここがPOINT

フォルダー名について

この章でつくるプロジェクトでは動画素材しか使わないので、左ページで紹介したAssetフォルダーは作成しません。作品に合わせてフォルダー構成を変更しましょう。

素材を格納する

① 練習用ファイルの[Chapter2]フォルダーにある3つの動画素材を選択し❶、[02_
Footage]フォルダーにドラッグ＆ドロップします❷。

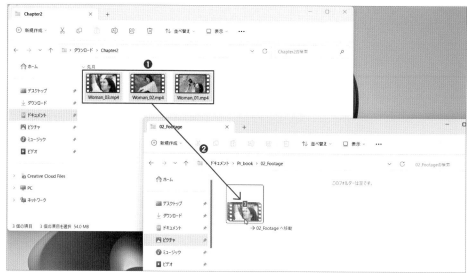

> ― ここがPOINT ―
>
> **Macで拡張子を表示するには**
>
> Macで拡張子を表示する場合は、Finderの[Finder]メニュー→[環境設定]→[詳細]
> を開き、[すべてのファイル名拡張子を表示]にチェックを入れます。

（もっと）
知りたい！

● フォルダー名やファイル名に日付をつけよう

このレッスンでは例として[Pr_book]というフォルダーをつくりましたが、自分でいちから
ファイルを管理する場合は、[2023_07_プロジェクト名]のように、日付とプロジェクト名の
形式にするとフォルダーを管理しやすくなります。基本的には半角英数字とハイフン、アン
ダーバーで構成するように心がけましょう。

PC内では基本的に数字や日付の小さい順、そしてアルファベット順に並ぶため、先頭に日付
や連番をつけるのがポイントです。過去につくったデータを使用したい場合も、上から日付順
に並んでいるとすぐに見つけられます。多数の外付けストレージなどにデータを保管している
ときなどは、この方法なら目的のファイルやフォルダーを見つけやすくなるのでおすすめです。

● どうしてファイル名やフォルダー名を英数字にするの？

ファイル名やフォルダー名に漢字やひらがな、カタカナなどの全角文字を使うと、ほかのPC
で開くときに文字化けを起こす場合があります。すべて半角の英数字でそろえましょう。ま
た、日付と名前を区切りたい場合は、半角の「-」(ハイフン)か「_」(アンダーバー)を使うのが
原則です。スペースで区切ったり、「.」(ピリオド)や「/」(スラッシュ)などを使ったりすると
エラーが発生することがあります。

CHAPTER 2

LESSON 2

#起動 # プロジェクトの作成 #レンダラー設定

新規プロジェクトを 作成しよう

動画でも チェック！

https://dekiru.net/ yprv2_202

ここからはPremiere Proで動画編集を体験していきます。まずは新しいプロジェクトの作成と、 保存のしかたを覚えましょう。

Premiere Proを起動する

① デスクトップの［スタートボタン］を クリックします❶。表示された画面の 右上の［すべてのアプリ］をクリック し❷、［Adobe Premiere Pro 2023］ をクリックします❸。

ここがPOINT

Macで起動する方法

Macの場合は［アプリケーション］フォル ダー→［Adobe Premiere Pro 2023］フォ ルダーから［Adobe Premiere Pro 2023］ をダブルクリックします。

② Premiere Proの起動画面が表示され ます。

起動画面の画像はバー ジョンアップデートご とに変わるので、それ も楽しみの1つです。

タスクバーからすばやく起動する

Windowsでは[すべてのアプリ]の画面で[Adobe Premiere Pro 2023]を右クリックし❶、
[詳細]❷→[タスクバーにピン留めする]をクリックすると❸、タスクバーにアイコンが常
時表示されるようになります❹。表示されたアイコンをクリックするだけで起動できて便
利です。

MacではアプリアイコンをDockに
ドラッグ＆ドロップするとDockに
アイコンが表示されるので、そこか
らすばやく起動できます。

新規プロジェクトを作成する

Premiere Proを起動するとホーム画面が表示されます。この画面では、新規プロジェ
クトの作成や、作成済みのプロジェクトを開けるほか、チュートリアル動画を開始する
こともできます。

(1) [新規プロジェクト]ボタンをクリックします❶。

既存のプロジェクトを開くには

すでにあるプロジェクトファイルを開きたいときは、ホーム画面の[新規プロジェクト]
の下にある[プロジェクトを開く]をクリックします。すると[プロジェクトを開く]ダ
イアログボックスが表示されるので、ファイルを選択して[開く]をクリックします。

プロジェクト名と保存先を設定する

［読み込み］画面が表示されたら、プロジェクト名やプロジェクトの保存先を設定します。

①　ここでは［プロジェクト名］にこのレッスン名の「Chapter2」と入力します❶。
［プロジェクトの保存先］の　をクリックし❷、［場所を選択］をクリックします
❸。

②　［プロジェクトの保存先］ダイアログボックスが表示されるので、レッスン1で作成したフォルダーを指定します。［Pr_book］フォルダー❹→［01_Project］フォルダーを選択し❺、［フォルダーの選択］ボタンをクリックします❻。

3 ［読み込み］画面に戻るので、［作成］ボタンをクリックします❼。

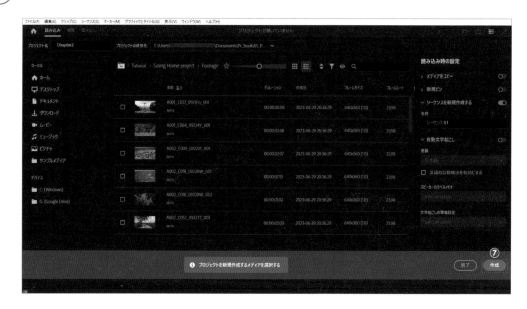

ここがPOINT

新規プロジェクト作成時に素材を読み込むこともできる

［読み込み］画面の下側は新規プロジェクト作成時に素材を読み込むための項目です。読み込む素材の保存先に移動し❶、素材を選択します❷。ビンやシーケンスを作成したい場合は、右側の項目から選択し❸、［作成］ボタンをクリックしましょう❹。

素材の読み込みはこの章のレッスン4、ビンやシーケンスについてはレッスン5であらためて解説します。

＼できた！／ 新規プロジェクトが作成され、編集画面が表示されました。

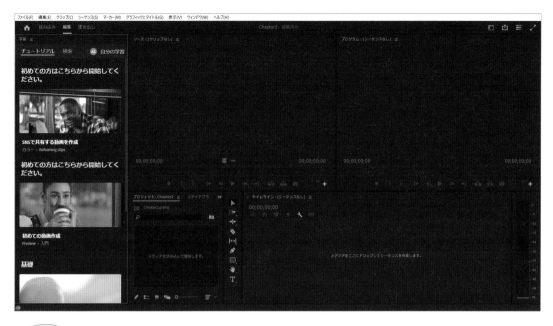

＼もっと／
＼知りたい！／

● レンダラーを設定して、スムーズに編集できるようにしよう

最初に起動したときに、設定しておきたいのがレンダラーです。レンダラーとは、動画を
一定の形式で処理するための仕組みです。GPUに処理を任せる設定にすることで、動画や
複雑なビジュアル効果を生成する負荷を軽減でき、効率的に作業できます。

① ［ファイル］メニュー❶→［プロジェクト
設定］❷→［一般］を選択します❸。

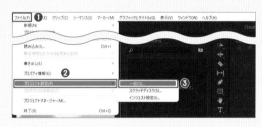

② ［プロジェクト設定］ダイアログボック
スが表示されるので、［レンダラー］の▽
をクリックします❹。「GPU高速処理」
と書かれた項目を選択し❺、［OK］ボタ
ンをクリックしましょう❻。

> GPUと は、「Graphics Processing
> Unit」の略で、動画などを処理する
> 専用のハードウェアのことです。「ソ
> フトウェア処理」でも、もちろん編集
> 作業は可能ですが、選択肢に「GPU
> 高速処理」がある場合は設定してお
> くのがおすすめです。

CHAPTER 2

LESSON 3

#ワークスペース

Premiere Proの編集画面を理解しよう

Premiere Proの編集画面を「ワークスペース」といいます。このレッスンでは、ワークスペースの各部の名称や主な機能を紹介します。

Premiere Proでは作業内容に合わせたさまざまなワークスペースが用意されています。ここではカット編集などに最適な[編集]ワークスペースの画面をもとにそれぞれのパネルの名称、機能について解説します。
※番号は、以降の説明文に対応

❶ メニューバー

Premiere Proを操作するためのさまざまなメニューが表示されています。それぞれのメニューをクリックすると、そのメニューに含まれる機能（サブメニュー）が表示されるので、使いたい機能をクリックします。サブメニュー名の右側に「...」があるものは、クリックするとダイアログボックスが表示されます。また、「>」がついているものは、さらにサブメニューがあることを表しています。

ここがPOINT

キーボードで操作するには？

Windowsで機能名の右側についているアルファベットは、「アクセスキー」といって、キーボードの Alt キーと一緒にそのキーを押すことでその機能を実行できます。また、「Ctrl＋Z」などの記載は「キーボードショートカット」といって、そのキーを押すことで実行できるようになっています。ショートカットキーを覚えるとすばやく操作を行えます。

---

❷ヘッダーバー

ヘッダーバー左側

ヘッダーバー右側

左側には作業内容によって、ホーム画面、読み込み画面、編集画面、書き出し画面が切り替えられるタブがあります。右側には下記A～Dのボタンがあります。

A［ワークスペース］ボタン
特定の作業に最適化されたワークスペースに切り替えるためのボタンです。

詳細 ➡ 33ページ

B［クイック書き出し］ボタン
書き出し作業を簡易的に行うためのボタンです。ファイル名と書き出し先、プリセットを選ぶだけで簡単に書き出しができます。

C［進行状況ダッシュボードを開く］ボタン
文字起こし作業など、各タスクの進行状況が確認できるボタンです。

D［フルスクリーンビデオ］ボタン
フルスクリーンでプレビューするためのボタンです。

［ワークスペース］ボタンをクリックして、［編集］ワークスペースから［カラー］ワークスペースに
切り替えた例

❸［ソースモニター］パネル
ソース（編集元のクリップ）を表示したり再生したりするパネルです。［プロジェクト］パネルで選択したクリップが表示されます。初期設定では同じ場所に［ソースモニター］パネルのほかにも［エフェクトコントロール］パネルなどがあり、操作によって切り替えられます。

［ソースモニター］パネルの詳細 ➡ 65ページ

❹［プログラムモニター］パネル
タイムライン上に並べられたクリップを表示したり再生したりするパネルです。
エフェクトやカラー補正が反映されて表示されるので、動画の完成イメージのプレビューとして使用できます。

［プログラムモニター］パネルの詳細 ➡ 41ページ

❺［プロジェクト］パネル
使用する動画素材やBGMなどすべての素材（クリップ）を格納する場所です。初期設定では同じ場所に［エフェクト］パネルや［情報］パネルなどがあります。

［プロジェクト］パネルの詳細 ➡ 33ページ

❻［ツール］パネル
カット編集や図形の挿入、テキストの挿入などさまざまな編集ツールが集まったパネルです。ツールの特徴を理解することで時短編集に大きく役立ちます。

❼［タイムライン］パネル
動画やBGMなどのクリップを時系列で並べる場所です。ここで動画全体の土台をつくっていきます。タイムラインに並べられた一連のクリップを「シーケンス」といいます。

［タイムライン］パネルの詳細 ➡ 54ページ

❽［オーディオメーター］パネル
再生されているクリップの音量レベルを確認するための場所です。

もっと
知りたい！

● ワークスペースのレイアウトは自由にカスタマイズできる！

パネルの枠をドラッグすることで、パネルのサイズを変更したり、別の位置に移動したりできます。また、その状態で保存することも可能です。保存するには、[ウィンドウ]メニューの[ワークスペース]→[新規ワークスペースとして保存]をクリックします。自分が作業しやすいレイアウトをつくって作業を効率化しましょう。カスタマイズしていくうちにパネルが見当たらなくなったり、最初のレイアウトに戻したいと思ったりしたときは[ウィンドウ]メニューの[ワークスペース]→[保存したレイアウトにリセット]で最初のレイアウトに戻すことができます。

パネルの境界にマウスポインターを合わせるとが表示され、ドラッグ操作でサイズを変更できる

[プログラムモニター]パネルを大きく見せるレイアウト

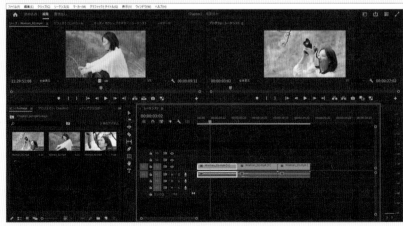

[タイムライン]パネルを大きく見せるレイアウト

CHAPTER 2

LESSON
4

#［プロジェクト］パネル #ビン

素材を読み込もう

動画を構成する素材（クリップ）をPremiere Proに読み込みましょう。

動画でも
チェック！

https://dekiru.net/
yprv2_204

映像素材、BGM、画
像など動画を構成する
素材は［プロジェクト］
パネルに読み込む

プロジェクトに読み込
んだ素材は［ビン］と
いうフォルダーごとに
管理することもできる

ビン

ワークスペースを切り替える

この第2章では簡単なカット編集（動画素材をカットしたりつなげたり
する作業）を行います。素材を読み込む前にまずはカット編集がしやす
い［編集］ワークスペースに切り替えましょう。

このレッスンから始め
る場合は、26ページを
参考に新規プロジェク
トを作成しましょう。

① レッスン2で保存した「Chapter2.prproj」を開きます。
　［ワークスペース］ボタンをクリックし❶、表示されるメニュー
　から［編集］を選択します❷。

［編集］ワークスペース
への切り替えは必須で
はありません。使いやす
いワークスペースで操
作しましょう。

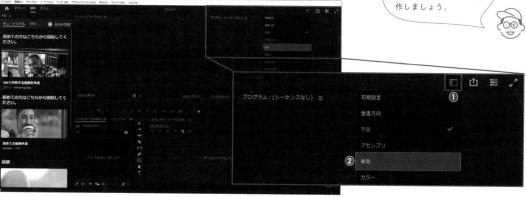

② ワークスペースが切り替わりました。

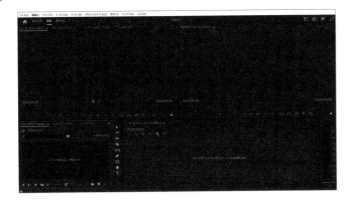

素材を読み込む

[プロジェクト]パネルに素材を読み込みましょう。

> ドキュメントに作成した
> [Pr_book]フォルダーの
> 中にある[02_Footage]
> フォルダーですね。

① 編集画面の左上にある[読み込み]タブをクリックし❶、読み込み画面が表示されるのでレッスン1で素材を格納した[02_Footage]フォルダーを開きます❷。

② 3つの素材を選択し❸、[読み込み時の設定]をすべてオフにした状態で❹、[読み込み]ボタンをクリックします❺。

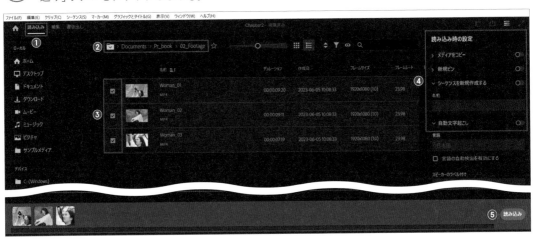

③ [プロジェクト]パネルに素材が表示されました。

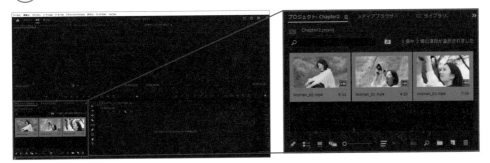

ここがPOINT

素材はドラッグ＆ドロップでも読み込める

使用したい素材を［プロジェクト］パネルにドラッグ＆ドロップする方法でも、素材を読み込むことができます。

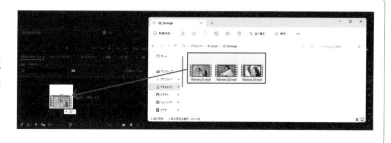

ビンを作成して素材を読み込む

Premiere Proでは「ビン」という入れ物をつくって素材を管理できます。ビンとは「Premiere Proのプロジェクト内で使うフォルダー」と考えればいいでしょう。素材の読み込みの際にビンを作成しておくと、ビンの中に素材が読み込まれます。

① ［読み込み］画面で素材を選択し、［読み込み時の設定］の［新規ビン］をオンにします❶。［＞］をクリックして❷、［ビン］の名前を入力します❸。ここでは「Footage」という名前をつけておきます。名前を入力したら［読み込み］ボタンをクリックします❹。

> ビンをつくらなくても素材を読み込めますが、素材をわかりやすく管理するためにもビンをつくることをおすすめします。

できた！ ［プロジェクト］パネルに［Footage］という名前のビンが作成されました。［Footage］ビンをダブルクリックすると❺、読み込んだ素材を確認できます。

あとからビンを作成する

素材を読み込んだあとにビンを作成することもできます。
[プロジェクト]パネルの[新規ビン]ボタンをクリックすると❶、ビンが作成されます❷。作成したビンに素材を格納しましょう。

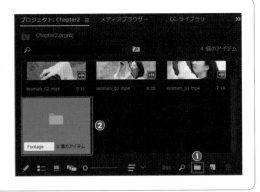

もっと
知りたい!

●[プロジェクト]パネルの表示形式を変えてみよう！

[プロジェクト]パネルに読み込んだ素材の表示形式は変更できます。パネル下のボタンから
[リスト表示]（📋）、[アイコン表示]（🖼）、[フリーフォーム表示]（🗂）に切り替えられます。

リスト表示 📋
素材が一覧で表示されます。リストの上部にある[名前]をクリックすると、名前順（数字やアルファベットの昇順）に並べ替えられます。

アイコン表示 🖼
素材がサムネイルで表示されます。素材の内容がわかりやすく、初心者にもおすすめの表示方法です。

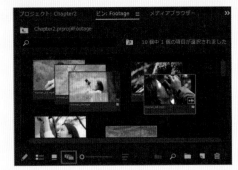

フリーフォーム表示 🗂
素材をドラッグして自由に配置できる機能です。たとえば同じロケーションの素材でまとめたり、カメラごとに分けたり、アングル、カラーなどさまざまなカテゴリーで分けられます。

CHAPTER 2

#シーケンスの作成 #タイムライン

LESSON
5

クリップを並べよう

動画でも
チェック！

https://dekiru.net/
yprv2_205

［タイムライン］パネルにクリップ（素材）を並べていきます。タイムラインに動画や静止画、テロップ、音声などさまざまなクリップを配置して1つの動画（シーケンス）をつくり上げます。

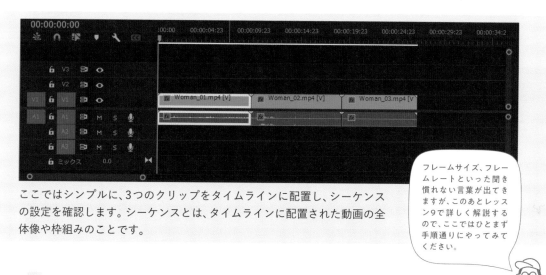

ここではシンプルに、3つのクリップをタイムラインに配置し、シーケンスの設定を確認します。シーケンスとは、タイムラインに配置された動画の全体像や枠組みのことです。

> フレームサイズ、フレームレートといった聞き慣れない言葉が出てきますが、このあとレッスン9で詳しく解説するので、ここではひとまず手順通りにやってみてください。

1つ目のクリップを配置する

クリップをタイムラインにドラッグ＆ドロップすると、クリップの情報をもとに自動的にシーケンスが作成されます。

① レッスン4の続きから進めましょう。［プロジェクト］パネルに読み込んだ素材の中から［Woman_01.mp4］を選択し、タイムラインにドラッグ＆ドロップします❶。

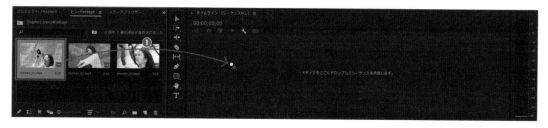

② タイムライン上にクリップが表示されたことを確認します❷。［プロジェクト］パネルにはシーケンスクリップが作成されました❸。

> ドロップした素材に合わせたシーケンスが作成され、タイムラインで表示されている状態です。

クリップ

ここがPOINT

[プロジェクト]パネルのシーケンスクリップ

タイムラインにクリップを配置すると、[プロジェクト]パネルにシーケンスのクリップが作成されます。このクリップには、シーケンスであることを表す ■ アイコンがついています。この段階では[Woman_01.mp4]しかタイムラインに配置していないため、シーケンスは[Woman_01.mp4]だけで構成されています。

クリップをつなげる

① 次に2つめのクリップとして[プロジェクト]パネルから[Woman_02.mp4]をタイムラインの1つめのクリップの後ろにドラッグ＆ドロップしてつなげます❶。

② 同様に3つめのクリップとして[Woman_03.mp4]をドラッグ＆ドロップしてつなげます❷。

ここがPOINT

クリップは自動的に吸着する

クリップは、つなげたいクリップの右端に近づけてドロップするとピタッと自動的につながります。初期状態では、素材をドラッグすると、素材の両端や再生ヘッドにピタッとくっつく「スナップイン」機能がオンになっています。

詳細 ➡ 61ページ

シーケンスのサムネイルを見てみましょう。[Woman_01.mp4]に[Woman_02.mp4][Woman_03.mp4]が加わった分、シーケンスの尺が前のページの手順②のときより伸びていますね。

＼できた！／ [プログラムモニター]パネルに、タイムラインに配置したクリップが表示されています。

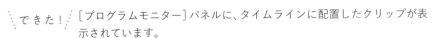

シーケンス名を変更する

シーケンス名はタイムラインに最初に配置したクリップ名が反映されます。クリップ名と区別するために変更しておきましょう。

① [プロジェクト]パネルで、シーケンスのサムネイル名[Woman_01]をクリックして**❶**、「シーケンス1」と入力します**❷**。

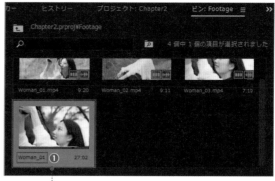

シーケンス

② [タイムライン]パネルのシーケンス名も変更されました**❸**。

シーケンスの設定を確認する

シーケンスには、動画の縦横比やフレームレート、音声のサンプルレートといった情報が設定されています。タイムラインに最初に配置したクリップの情報がシーケンスの値として設定されます。シーケンスの設定を確認してみましょう。

① 「シーケンス1」を右クリックして**❶**、[シーケンス設定]を選択します**❷**。

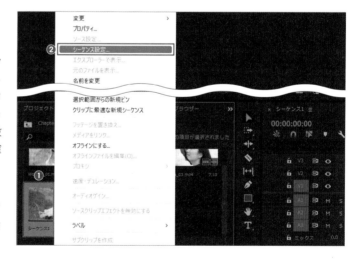

ここがPOINT

シーケンスをビンの外に出す

シーケンスをビンの外に出しておくと、ほかのクリップと区別しやすいです。[プロジェクト]パネルの表示を[リスト表示]にして、[Footage]ビンの外に出しておきましょう。

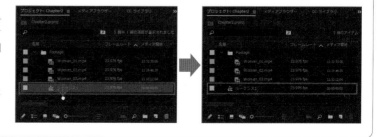

[シーケンス設定]ダイアログボックスが表示されます。ビデオ(動画)のタイムベース(フレームレート)❸、フレームサイズ(縦横比)❹、音声のサンプルレートといった情報が確認できます❺。確認したら[OK]ボタンをクリックします❻。

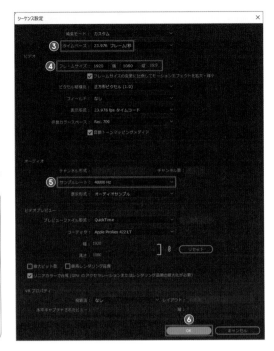

> タイムラインに最初に配置したクリップ(Woman_01.mp4)の設定が自動的に反映されています。

ここがPOINT

シーケンスは手動でも作成できる

あらかじめプリセットされたシーケンス設定を選んでから、シーケンスを作成することもできます。そうすることで、クリップが持つ設定に関わらず、プリセットの設定で固定されます。[ファイル]メニューから[新規]→[シーケンス]をクリックすると[新規シーケンス]ダイアログボックスが表示されるので、ここでプリセットを選択します。

> なんとなくの流れをつかめましたか?並べた素材のさまざまなカット編集は第3章で紹介していきます!

もっと知りたい!

● シーケンス設定の使いどころを知ろう

タイムラインにクリップを配置して新規シーケンスをつくる場合、その配置したクリップの情報にもとづいてシーケンスが作成されます。たとえば撮影したクリップは4Kで、制作(納品)はフルHD(1,920×1,080)で行うというケースはよくあります。そのような場合は、シーケンス設定でフレームサイズを1,920×1,080に変更することで、納品先の仕様にあった動画を作成可能です。

また、たとえば16:9の比率で撮影した動画を正方形にしたいという場合もあるでしょう。Instagramなどに投稿したいというケースですね。そういう場合は[シーケンス設定]ダイアログボックスで画面比率を正方形に設定します。こうしておけば、16:9のクリップを正方形の状態で編集できるというわけです。このシーケンスの設定をカスタマイズする方法は、第5章のレッスン8で解説します。

なお、4Kのクリップは4Kの解像度を維持しているため、1,920×1,080のシーケンスだとフレームからはみ出してしまいます。この場合は、4Kのクリップを50%のスケール(大きさ)に変更する必要があります。

スケールの変更 ➡ 116ページ

[シーケンス設定]ダイアログボックスの[設定]で、画面比率などカスタマイズできる

CHAPTER 2

LESSON 6

#プログラムモニター #再生

動画をプレビューしよう

動画でも
チェック!

https://dekiru.net/
yprv2_206

タイムラインで編集中の動画は、プログラムモニターで再生して確認できます。このレッスンでは、プログラムモニターの基本的な機能を理解しましょう。

● ［プログラムモニター］パネル

［プログラムモニター］パネルでプレビューしながら、編集作業を進めていく

❶ 再生ヘッド
［タイムライン］パネルの再生ヘッドと連動して、現在プレビュー中のフレームの位置を示します。

❷ マーカーを追加
タイムライン上にマーカーを追加します。

❸ インをマーク
クリップのイン点（始点）を設定します。

❹ アウトをマーク
クリップのアウト点（終点）を設定します。

❺ インへ移動
再生ヘッドがイン点に移動します。

❻ 1フレーム前へ戻る
再生ヘッドが1フレーム戻ります。

❼ 再生
動画を再生／停止します。

❽ 1フレーム先へ進む
再生ヘッドが1フレーム進みます。

❾ アウトへ移動
再生ヘッドがアウト点に移動します。

❿ リフト
イン点とアウト点で選択した箇所を切り取ります。

⓫ 抽出
イン点とアウト点で選択した箇所を、リップルを削除して切り取ります。

⓬ フレームを書き出し
選択したフレームを静止画として保存します。

⓭ 比較表示
プレビューの表示の比較を変更できます。

⓮ 再生ヘッドの位置
再生ヘッドがある位置の時間とフレームを表示します。

⓯ ズームレベルを選択
モニターの表示倍率を変更します。

⓰ 再生時の解像度
プレビュー再生するときの解像度を変更します。

⓱ 設定ボタン
プログラムモニターの設定を変更します。

⓲ イン／アウトデュレーション
イン点からアウト点までの時間を示します。

⓳ ボタンエディター
［プログラムモニター］パネルに表示するボタンの種類や位置を変更します。

041

動画を再生する

動画編集において、再生して確認する作業は
とても大切です。タイムラインに並んだク
リップを再生しましょう。

① レッスン5の続きから進めましょう。
[再生] ボタンをクリックすると❶、
[再生ヘッド] の位置から動画が再生
します❷。再度クリックすると動画が
停止します。

> ショートカットキー
> を使う場合は入力
> モードを半角英数に
> しておきましょう。

ここがPOINT

再生／停止のショートカット

再生と停止は Space キーでも操作可能です。キーを
押すごとに再生と停止が切り替わります。

再生ヘッドを移動して動画を確認する

① [プログラムモニター] パネルの再生ヘッド❶と、[タイムライン] パネルの再生
ヘッド❷は連動しています。これらの再生ヘッドを左右にドラッグすることで
動画の確認ができます。1フレームずつ確認したい場合は [1フレーム前に戻
る]❸や [1フレーム先に進む]❹をクリックしましょう。

ここがPOINT

1フレーム前に戻る／先に進むのショートカット

← キーで1フレーム戻る、→ キーで1フレーム進みます。マウスで操作す
るより楽なので、ショートカットキーを使いこなしましょう。

CHAPTER 2

LESSON 7

#書き出し #プリセット

編集が終わった動画を
書き出そう

動画でも
チェック!

https://dekiru.net/
yprv2_207

書き出しを行うことでPremiere Proで編集した内容が、1つの動画としてスマートフォンやPC
で視聴できるようになります。

● 書き出し画面

出力先を選択する　　書き出し設定を行う　　書き出し内容を確認し、書き出す

書き出し画面
3つの列に分かれており、
左から順にワークフロー
が推移する

書き出しとは、シーケンスを汎用的な動画フォーマットとして保存することです。これによってさまざまな
デバイスや媒体で動画を視聴できるようになります。編集画面とは別に書き出し用の画面が用意されており、
書き出し時に画面を切り替えます。Premiere Proでは目的に合ったプリセット（書き出し設定）が多数用意
されています。ここではレッスン5で作成したシーケンスを高品質な動画として書き出してみましょう。

書き出し画面を表示する

編集画面と書き出し画面はタブで簡単に切り替えられます。
書き出す対象のシーケンスを選択し、書き出し画面に切り替
えましょう。

① レッスン6の続きから進めましょう。[プロジェクト]
パネルでシーケンスを選択します❶。

ここがPOINT

書き出すシーケンスの選択

シーケンスが2つ以上ある場
合は、どのシーケンスを書き
出すかを選択する必要があり
ます。

書き出す
シーケン
スを選択

ここではわかり
やすいように、
[プロジェクト]
パネルの表示を
[リスト表示]に
しています。

② [書き出し]タブをクリックします❷。

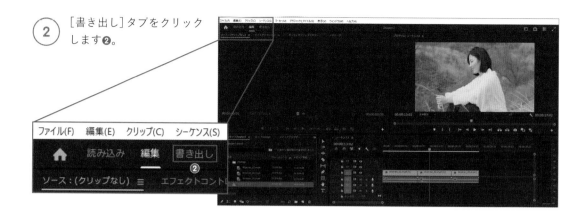

③ 書き出し画面に切り替わりました。

書き出し画面は3つの列に分かれています。左から順番に設定していきましょう。

書き出し設定を行う

書き出し画面で書き出す形式やファイル名などを設定します。ここでは高品質な動画を書き出す設定を行いましょう。

① 左側の列で、[メディアファイル]がオンになっていることを確認します❶。

― ここがPOINT ―

メディアファイルとは

「メディアファイル」とは動画や音楽ファイルのことです。通常、ほかの媒体で視聴するために動画を書き出すときはこの[メディアファイル]をオンにします。

[メディアファイル]以外にもSNSの項目が並んでいます。オンにすると、書き出しと同時にそのSNSに動画をアップロードする設定にできます。複数の項目をオンにすることもできます。

② 中央の列にある[ファイル名]にファイル名を入力します。ここでは「Chapter2_Lesson7」と設定します❷。

③ [場所]のファイルパスをクリックすると❸、[名前を付けて保存]ダイアログボックスが表示されます。レッスン1で作成した[03_Render]フォルダーを開き❹、[保存]ボタンをクリックします❺。

④ [形式]から[H.264]を選択し❻、[プリセット]から[Match Source - Adaptive High Bitrate]を選択します❼。

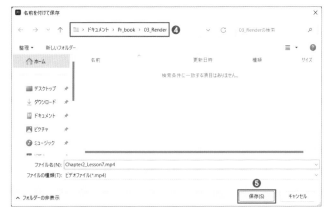

── ここがPOINT ──

H.264 とは？

もっとも一般的に使われている動画の圧縮規格の1つです。高圧縮率でファイルサイズが軽量化されますが、比較的高品質なのが特徴です。

> [Match Source - Adaptive High Bitrate]はシーケンスと同じ設定で、高ビットレートで出力できるプリセットです。

── ここがPOINT ──

ほかのプリセットを使いたい場合は？

プリセットはほかにもたくさん用意されています。ほかのプリセットを使いたい場合は[プリセット]の選択肢の中から[その他のプリセット]をクリックします❶。[プリセットマネージャー]が表示されるので、プリセットを選び❷、[OK]ボタンをクリックします❸。☆のマークをオンにすると❹、次回から書き出し画面の[プリセット]の選択肢に表示されるようになります。

⑤ 右側の列で最後にプレビューし、[書き出し]ボタンをクリックすると❽、書き出しが始まります。

─ ここがPOINT ─

予測ファイルサイズもチェックしよう

[書き出し]ボタンの上に記載されている[予測ファイルサイズ]は書き出すファイルの大きさを示したものです。たとえば前のページの手順④でプリセットを[Match Source - Adaptive Low Bitrate]にするとファイルサイズは小さくなります。目的に沿ったファイルサイズになっているかなども確認するようにしましょう。

[Match Source - Adaptive Low Bitrate]にするとファイルサイズは小さくなる

「エンコード中」と表示されます。終わるまで少し時間がかかるときもあります。

書き出した動画を確認する

保存したファイルを再生して確認しましょう。

① [03_Render]フォルダーに保存された[Chapter2_Lesson7.mp4]ファイルをダブルクリックします❶。

編集した内容がきちんと反映されているかなど、最後にしっかりと確認するようにしましょう。

＼できた！／ 書き出した動画を再生できました。

もっと
知りたい！

● 編集した動画の必要な部分だけを書き出す方法

シーケンスの全体ではなく一部分だけを書き出したいこともあるでしょう。その場合は書き出す範囲を設定する必要があります。

① 編集画面のタイムライン上で書き出す範囲の始点に再生ヘッドを移動して❶、キーボードの □ キーを押し「イン点（編集開始点）」を設定します。

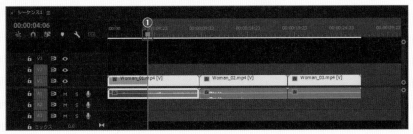

② 次に再生ヘッドを書き出す範囲の終了点に移動して❷、キーボードの □ キーを押し「アウト点（編集終了点）」を設定します。

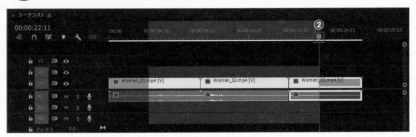

③ 書き出し画面でプレビューの下にある［範囲］を［ソースイン/アウト］に設定し❸、［書き出し］ボタンをクリックします❹。

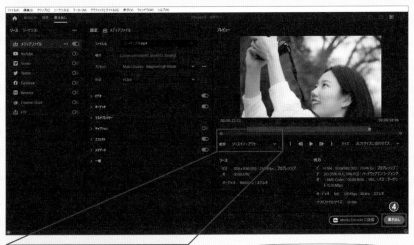

イン点、アウト点の設定を消去したい場合は、Ctrl + Shift + X キーを押します。Macの場合は、Option + X キーを押しましょう。

CHAPTER 2

LESSON 8

#保存 #終了

プロジェクトを保存し、Premiere Proを終了しよう

動画でも
チェック！

https://dekiru.net/
yprv2_208

編集が終わったらプロジェクトを保存しましょう。ここではあわせてPremiere Proを終了する
手順まで説明します。

プロジェクトを保存する

Premiere Proを終了する前に、必ずプロジェクトを保存しましょう。その時点のプロジェクトの状態をそのまま保存できるため、あとで作業を再開したり、編集し直したりできます。

① [ファイル]メニュー❶から[保存]をクリックします❷。

─ ここがPOINT ─

保存のショートカット

プロジェクトを保存するには、Windowsでは ctrl + S キー、Macでは ⌘ + S キーを押します。よく使用するショートカットキーなので覚えましょう。
作業負荷にPCが耐えられず、予期せぬ形でPremiere Proが強制終了してしまうことがあります。このリスクを極力回避するためにも、「何か作業をしたらすぐに保存」を心がけましょう。

保存が終わるまで時間が
かかることがありますが、
心配はありません。完了
するまで待ちましょう。

Premiere Proを終了する

① [ファイル]メニュー❶の[終了]をクリックします❷。

保存をしていない状態
で[終了]をクリックす
ると「閉じる前に保存し
ますか？」と確認してく
れるので安心です。

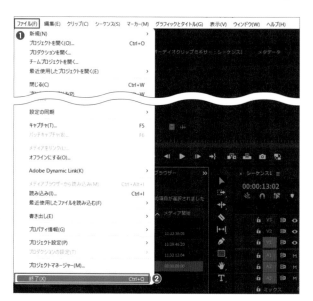

保存したプロジェクトを開く

保存したプロジェクトは保存先のプロジェクトファイルをダブルクリックして開くことができます❶。

ホーム画面またはメニューから開く

Premiere Proのホーム画面から開く場合は、[プロジェクトを開く]ボタンをクリックします❶。またメニューから開く場合は、[ファイル]メニューの[プロジェクトを開く]を選択します❷。

もっと
知りたい！

● 万が一に備えて「自動保存機能」をチェックしよう！

Premiere Proには自動保存機能があります。単なる上書き保存ではなく、あらかじめ設定した個数のプロジェクトデータを別ファイルとして保存していくので、万が一、プロジェクトを保存する前にPremiere Proが強制終了してしまったときや、過去の状態に戻りたいときなどに大変役立ちます。初期設定では自動保存機能がオンになっているので、ここまでのレッスンでもすでに自動的に保存データが作成されています。ここでは自動保存する時間の間隔などを変更する方法を解説します。

① [編集]メニュー❶から[環境設定]❷→[自動保存]（Macの場合は[Premiere Pro]メニューの[設定]→[自動保存]）をクリックします❸。

② [環境設定]ダイアログボックスが開くので[自動保存の間隔]で保存する時間の間隔を設定したり❹、[プロジェクトバージョンの最大数]でバックアップの最大数を設定したりできます❺。初期設定では5分間隔、最大20個になっています。

③ Premiere Proのプロジェクトデータを保存しているフォルダー内に[Adobe Premiere Pro Auto-Save]というフォルダーが作成され❻、その中に自動保存されたデータが設定されている個数だけ保存されていきます。自動保存されたプロジェクトデータが設定数の上限に達したら、古い保存データから削除されていきます。

自動保存されたプロジェクトファイル名には、保存された日時がつく

#フレームレート #解像度

動画の基礎知識を学ぼう

動画を構成する「フレームレート」と「解像度」について解説します。思い通りの動画をつくるために基礎をしっかり学んでおきましょう。

フレームレートとは？

そもそも動画とは、静止画をコマ送りで表示したものです。この1コマのことを「フレーム」といい、フレームレートとは、「1秒間に何枚のフレームで動画を構成するかを表す数値」です。1秒あたりのフレーム数を示す「frames per second」の略語からfpsと表記されます。fpsの数値が大きいと1秒間のフレームの枚数が多くなるので、動画がなめらかな動きになります。逆に数値が小さいとカクカクした動画になります。ただしフレーム枚数が多くなるほど、データ容量も増え、PCにかかる負荷も大きくなります。

フレームレート（30fps）

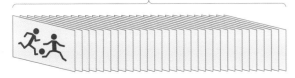

フレームレート（60fps）

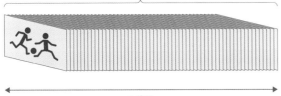

1秒間

> パラパラ漫画をイメージするとわかりやすいでしょうか。パラパラめくったときに、枚数が多いほどなめらかに、少ないほどカクカクした動きに見える仕組みと同じです。

知りたい！

● 媒体によって異なるフレームレート

フレームレートは動画の用途に応じて設定します。たとえば映画は24fps、テレビは30fps、ゲームなどは60fpsなど、コンテンツによって一般的な値があるので、それらを参考に設定するとよいでしょう。たとえばYouTubeに個人作品を投稿したい場合は、一般的な30fpsをベースに考え、映画のような質感で表現したいときは24fpsで作成するなど、最適なフレームレートを選ぶようにします。最近ではスマートフォンやアクションカメラなど身近なカメラでも、120fpsや240fpsといったハイフレームレートと呼ばれる形式で撮影することが可能になってきています。

> スローモーションの演出をしたい場合は、撮影時に60fps以上を設定することをおススメします。

解像度（フレームサイズ）について理解する

フレームの一部分を拡大してみると、下の写真の拡大部のように、非常に細かい点の集合でできていることがわかります。この点を「ピクセル」といい、1フレーム内にあるピクセル数を表す言葉が「解像度」です。

たとえばフルHDの動画であれば、フレームの横方向に1,920個、縦方向に1,080個のピクセルが並んでおり、解像度は1,920×1,080となります。そして解像度が大きいほど高画質になり、動画のデータ容量も大きくなります。

また、動画データの解像度と、それを再生するディスプレイの画面解像度は別です。たとえば動画の解像度が4K（3,840×2,160）であっても、再生するディスプレイの画面解像度がフルHD（1,920×1,080）であれば、フルHDの解像度（ディスプレイの解像度）で表示されます。逆に、動画の解像度が低ければ、解像度の高いディスプレイで再生しても高画質にはなりません。

そのため撮影する時点で、動画の視聴環境まで考慮しておくことが大切です。

● ピクセル

フレームを拡大すると
ピクセル（この例では
正方形）が集まってで
きていることがわかる

● 解像度

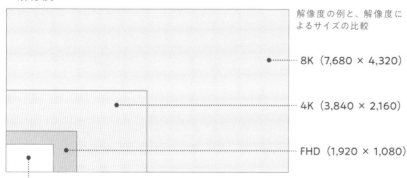

解像度の例と、解像度に
よるサイズの比較

8K（7,680 × 4,320）

4K（3,840 × 2,160）

FHD（1,920 × 1,080）

HD（1,280 × 720）

数年前までは「スクエア型」と呼
ばれる4:3の正方形に近いディ
スプレイがありました。最近で
は一般的な16:9だけではなく、
32:9というウルトラワイドモ
ニタも登場しています。

スマートフォンで動画を撮影する時代

私がはじめて触ったカメラは、2008年の末ころに発売されたCanon EOS 5D Mark2
という機種でした。
デジタル一眼レフカメラに実用的な動画撮影機能が搭載され、被写界深度の浅いボケ
のあるお洒落な映像が撮れるということで、今の動画時代の幕開けになるようなカメ
ラでした。小型でありながら高画質で撮影できることから、映画『Iron Man2』の撮影
に使われたこともあるカメラです。

この機種を皮切りに、デジタル一眼レフカメラはめまぐるしく進化しました。また同時
期にSNSやYouTubeが爆発的に普及したことで、今の動画コンテンツマーケティング
の礎は築かれていったように感じます。
テクノロジーの進化のおかげで、私が今従事しているビデオグラファーという仕事が
普及したともいえるのですが、実はこういった機材の進化の中でも一眼レフカメラ同
様に目を見張る進化を遂げたものがほかにも存在します。
それが今誰もが使っているスマートフォンです。
小型でありながら、4Kでの撮影も可能。単純に4Kの高画質で撮るだけでなく、瞳への
オートフォーカスや驚異的な手振れ補正、白飛びや黒つぶれを抑えてくれる広いダイ
ナミックレンジなど小さな筐体に驚くべき機能が盛りだくさんです。

もちろん撮った素材をそのままSNSにアップロードしたり、クラウド上でPCと連携さ
せて自動的に保存したりすることも可能です。

レンズ交換の選択肢が少ないことや、音の収録が弱い部分はまだまだありますが、いず
れもサードパーティアイテム（開発元とは別の企業が提供する互換性のある製品）など
で補完できる場合もあります。

一眼レフやミラーレス、シネマカメラなどさまざまなカメラの中で、スマートフォンに
搭載されたカメラを使うというのも、動画制作の今後の発展において注目すべきポイ
ントなのではと思っています。

スマートフォンで撮影するための
機材も多く販売されている。左
の写真はスマートフォンにジンバ
ルを取り付けたところ

CHAPTER

3

動画編集の基本テクニックを
マスターする

カット編集、エフェクトの適用、色調補正、テキストの入力、BGMの挿入など
Premiere Proの編集作業の中でも使用頻度の高い基礎的な内容を学んでいきます。
ここをしっかり押さえることがPremiere Pro上達の近道です。

CHAPTER 3

#タイムラインの使い方 #クリップの選択

LESSON 1

タイムラインを理解しよう

動画でもチェック！

https://dekiru.net/yprv2_301

練習用ファイル
3-1.prproj

タイムラインは動画を構成する素材を時系列に並べる場所です。編集時によく使う場所なので、基本的な機能をしっかりと理解しておきましょう。

● [タイムライン] パネル

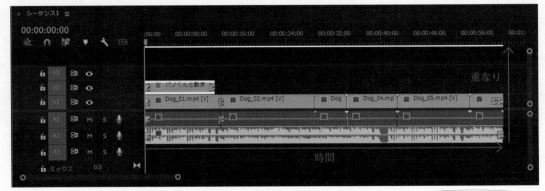

シーケンスを構成するすべてのクリップが時系列に並んで表示されるのが [タイムライン] パネル。クリップのカット編集、エフェクトの追加など、動画の編集作業を行える

タイムラインとクリップの操作を実際に確認しながら学んでいきます。

クリップとトラック

動画を構成する素材のことを「クリップ」❶、素材を配置する場所を「トラック」❷といいます。読み込んだクリップをタイムライン上のトラックに配置することで動画をつくっていきます。
トラックは、映像やテキストなどを配置するビデオトラック（V1、V2、V3……）❸と、音声を配置するオーディオトラック（A1、A2、A3……）❹に分かれています。

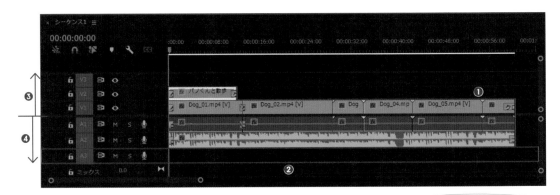

テキストや図形などグラフィックの素材は「テキストレイヤー」、「グラフィックレイヤー」と呼ぶこともあります。

クリップを選択する

タイムライン上で編集を行う際は、対象となるクリップを選択する必要があります。まずは練習用ファイル「3-1.prproj」を開いて選択のしかたを覚えましょう。クリップを選択するには、[選択ツール]をクリックして選択してから❶、タイムライン上の選択したいクリップをクリックします❷。

選択されたクリップには白い枠線が表示される

ここがPOINT

複数のクリップを選択するには？

すべてのクリップをまとめて選択したい場合、すべてのクリップを覆うようにドラッグするか、Ctrl + A キーを押します。クリップを複数選択したい場合はキーボードの Shift キーを押しながらクリック、または選択したいクリップを囲むようにドラッグします。

上の画面では映像と音のクリップがセットで選択されています。これはクリップ同士がリンクされているためです。

クリップを移動する

[選択ツール]でクリップをドラッグすることで❶、クリップを移動できます。クリップを入れかえたり、ずらしたりしながらタイムライン上でパズルのように動画を作成していきます。

タイムコード

ドラッグ中は、もとの位置から相対的にどれだけ動いたかタイムコードが表示される

ここがPOINT

クリップの削除

クリップを選択した状態で Delete キーを押すとクリップを削除できます。

［タイムライン］パネルの構成

［タイムライン］パネルを構成する各項目の名称と基本的な使い方を覚えましょう。

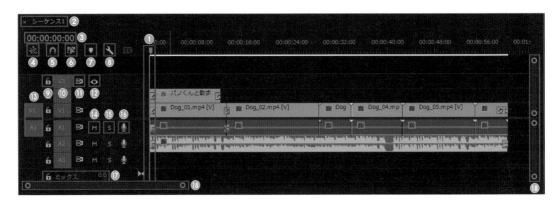

❶ 再生ヘッド
現在の再生位置を表します。再生ヘッドをドラッグすると
プログラムモニター上で動画の内容を確認できます。

❷ シーケンス名
シーケンスの名前が表示されます。複数のシーケンスを開
いている場合は、タブが表示され切り替えられます。

❸ 再生ヘッドの位置（タイムコード）
再生ヘッドの位置を「時：分：秒：フレーム」の形式で表し
ます。

詳細 ➡ 59ページ

❹ ネストとしてまたは個別のクリップとしてシーケ
　ンスを挿入または上書き
オンにすると、シーケンスを1つのクリップとして認識しま
す。

❺ タイムラインをスナップイン
オンにするとクリップ同士や、再生ヘッドとクリップがピ
タッと吸着します。

❻ リンクされた選択
オンにするとリンクされたクリップを同時に選択します。

❼ マーカーを追加
シーケンスやクリップにマーカー（印）を追加します。マー
カーをつけることによって、その位置にすばやく移動でき
ます。

❽ タイムライン表示設定
タイムラインの表示を変更、管理できます。

詳細 ➡ 57ページ

❾ トラックのロック切り替え
ロックすると、そのトラックは編集できなくなります。

❿ トラックターゲット
オンにすると、編集時にそのトラックが優先されます。

詳細 ➡ 279ページ

⓫ 同期ロックを切り替え
オンにすると、挿入やリップルなどの編集時にそのトラッ
クの変更を防止します。

⓬ トラック出力の切り替え
再生時にそのトラックを表示するかどうか切り替えます。

⓭ 挿入や上書きを行うソースのパッチ
クリップを挿入したり上書きしたりするトラックを指定でき
ます。

⓮ トラックをミュート
オンにすると、オーディオトラックの音声を消音します。

⓯ ソロトラック
オンにすると、そのオーディオトラックの音声のみ再生しま
す。

詳細 ➡ 269ページ

⓰ ボイスオーバー録音
Premiere Pro上で音声を録音できます。

⓱ ミックス
オーディオトラック全体の音量を調整できます。

⓲ トラック幅調整バー
タイムライン全体に対する現在の表示範囲を表します。
バーの位置がタイムライン全体の中の現在の表示位置、
バーの幅が現在の表示範囲となっています。バーをドラッ
グして移動すると、タイムラインの表示範囲も移動しま
す。バーの左右のハンドルを内側にドラッグするとタイム
ラインの表示範囲が狭く、外側にドラッグすると表示範囲
が広くなります。

タイムラインを見やすくする

タイムラインに配置する素材が多くなると、作業がしづらくなるのでトラックの高さを変えて作業しやすい環境にします。前のページの⑱[トラック幅調整バー]を使うと、タイムラインの表示範囲を拡大縮小できますが、ここではトラック単位で高さを調整する方法を紹介します。

（１）トラックとトラックの境界にマウスポインターを合わせ、マウスポインターの形が↕になった状態で上にドラッグすると❶、そのトラックだけ高さが広くなります。また❷や❸の部分をダブルクリックするだけでも簡単に幅を伸縮できます。

調整したトラックの高さを保存する

調整したトラックの高さは保存できます。

（１）[タイムライン表示設定]ボタンをクリックし❶、[プリセットを保存]をクリックします❷。

（２）[プリセットを保存]ダイアログボックスが表示されるので、わかりやすい名前をつけて❸、[OK]ボタンをクリックします❹。

（３）保存したプリセットを使う場合は、[タイムライン表示設定]ボタンをクリックし❺、保存したプリセットを選択します❻。

#カット編集 #タイムコード

タイムライン上で カット編集しよう

動画でも チェック！

https://dekiru.net/ yprv2_302

カット編集とはクリップの不要な部分を削除したり、分割したりする作業のことです。このレッスンではクリップの最初と終わりをカット編集していきます。

練習用ファイル

3-2.prproj

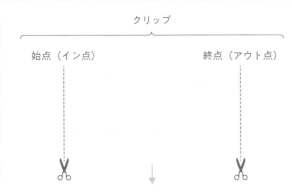

● クリップの最初と終わりを カットしてトリミングする

動画作品を制作するにあたって、撮影した動画をそのまま使うことはあまりありません。通常は必要な部分だけを使います。そのため、必要な箇所の始点（イン点）と終点（アウト点）を決め、カット（トリミング）します。

> 素材をカット（トリミング）する方法はいくつかあります。まずは代表的な方法を紹介していきます！

クリップのイン点を決める

カット編集をタイムライン上で行います。再生ヘッドを動かしてプログラムモニターをチェックしながらクリップの始点（イン点）を決めていきます。ここでは「00:00:02:15」の位置をクリップのイン点にします。

① 練習用ファイル、[3-2.prproj]を開きます❶。

② タイムラインの再生ヘッドをタイムコードが「00:00:02:15」の位置まで移動します②。

タイムコード

― ここがPOINT ―

タイムコードの読み方

タイムコードは左から時間、分、秒、フレームを表しています。

「00:00:02:15」の場合、2秒15フレームということです。

再生ヘッドの位置でカットする

① マウスポインターを［V1］トラックのクリップの先端に合わせます。マウスポインターの形が に切り替わったことを確認し①、再生ヘッドの位置までドラッグします②。

② 再生ヘッドより前のクリップがカットされました。カットされた部分は再生されなくなります。

― ここがPOINT ―

カットした部分は隠れているだけ

カットしたクリップは削除されたわけではなく、隠れているだけです。マウスポインターの形が の状態で、クリップの先端をドラッグすれば何度でも調整できます。

矢印方向にドラッグすればカットされた部分が再度表示される

クリップのアウト点を決める

クリップのアウト点も、イン点と同じ操作で設定します。

① 再生ヘッドをタイムコードが「00:00:08:20」の位置にドラッグします❶。

② クリップの右端にマウスポインターを合わせ、マウスポインターの形が◢になったことを確認します。そのまま再生ヘッドの位置までドラッグします❷。

③ 再生ヘッドからうしろの部分がカットされました。

クリップの両端にある白い三角形は、カットする前のクリップのもとの長さの始点と終点を示しています。このレッスンではクリップの頭と終わりをカットしたのでマークが消えています。

ギャップを削除する

クリップをカットして生じた空白を「ギャップ」といいます。ここまでの操作でイン点を「00:00:02:15」にしたため、「00:00:00:00」から「00:00:02:14」まではギャップが生じた状態になっています。ここでは「00:00:00:00」からスタートさせたいので、このギャップを削除しましょう。

① ［V1］トラックの空いているスペース（ギャップ）をクリックします❶。すると白く表示されます❷。この状態で Delete キーを押します。

＼ で き た !／ ギャップが削除されました。クリップの最初と終わりがカットさ
れ、必要な部分のみになりました。

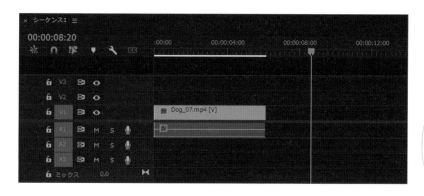

Delete キーを押
さず、クリップを
「00:00:00:00」
までドラッグし
てもOKです！

＼ 知りたい !／ (もっと)

● クリップ同士がくっつくのはなぜ？

［タイムライン］パネルの左上に［タイムラインをスナップイン］というボタンがあります❶。
オンにしていると、クリップが再生ヘッドや隣り合うクリップに近づいたときに、磁石のよう
にピタッとくっつきます。

❶

タイムライ
ンをスナッ
プイン

再生ヘッドにクリップの端がくっつく

クリップ同士がびったりとくっつく

もしスナップインがオフになっている
と、クリップ同士が重なってしまったり、
数フレーム空いてしまったりとミスが発
生することがあります。オンにしておく
ことで、こうしたミスを防げます。

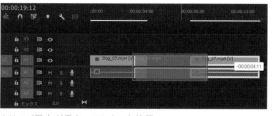

クリップ同士が重なってしまった状態

#レーザーツール

クリップを分割しよう

[レーザーツール]を使って、クリップを分割する方法を解説します。

動画でも
チェック!

https://dekiru.net/
yprv2_303

練習用ファイル
3-3.prproj

[レーザーツール]を使ってクリップを分割する

クリップを分割します。1つのクリップを別々のクリップに分割することで、クリップ内の不要な部分を削除したり、間に別のクリップを挿入したりできます。ここでは例として、クリップを3つに分割し、真ん中のクリップを削除します。

> レッスン2ではイン点とアウト点をドラッグしてカットする方法を解説しましたが、カットする箇所が多いと、非常に時間がかかります。レーザーツールは時短にもつながるので、ぜひ覚えておきましょう。

① 練習用ファイル「3-3.prproj」を開きます。再生ヘッド❶をタイムコードが「00:00:09:00」の位置にドラッグします❷。

> ❷に「00:00:09:00」と直接入力しても、再生ヘッドを移動できます。

② [レーザーツール]を選択し❸、再生ヘッドの位置でクリックします❹。

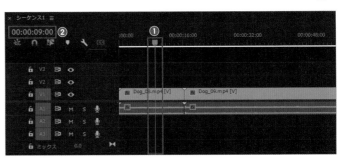

③ クリップ[Dog_08.mp4]が分割されたことを確認します❺。

クリップとギャップを削除する

分割されたクリップを削除してみましょう。
また、ギャップの削除も行います。

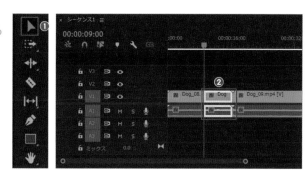

(1) [選択ツール]を選択し❶、真ん中のク
リップをクリックします❷。

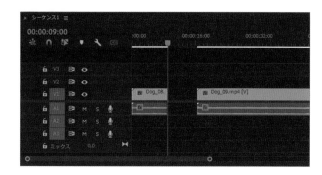

(2) Delete キーを押します。

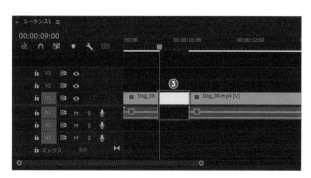

(3) ギャップをクリックして選択し❸、
Delete キーを押します。

＼できた！／ 空白が削除され、クリップ同士がつながりました。

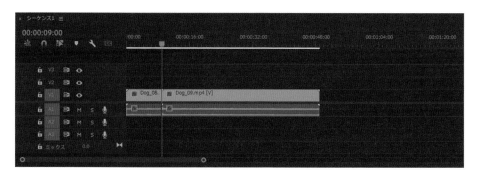

┌─ ここがPOINT ───────────

クリップとギャップを同時に削除するには？

削除したいクリップを選択して Alt （macの場合は option ）
キー ＋ Delete キーを押すと、クリップとギャップを同時に
削除できます。

● 上書きすれば、クリップとギャップを簡単に削除できる！

このレッスンでは、不要な部分をレーザーツールで分割して Delete キーで削除する方法を解説しましたが、ほかのクリップを上から重ねることでも削除できます。たとえば先頭のクリップのうしろ半分が不要という場合は、あとに続くクリップを、その位置から開始するようにドラッグすれば上書きできます。

①　クリップの❶の部分を削除したい場合、まず左から2番目以降のクリップをすべて選択します❷。

左端クリップの再生ヘッドの位置から終わりまでを削除したい

②　選択したクリップを再生ヘッドの位置までドラッグ＆ドロップします❸。

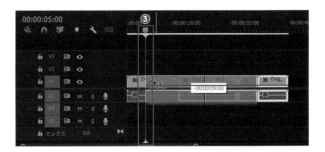

③　もとのクリップに上書きしたことで、[レーザーツール]でカット後に Delete キーでクリップを削除したのと同じ状態になりました。

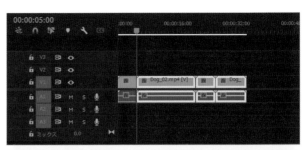

ただし、右の画面のようにクリップの数が多く複雑な場合は全部を選択して左に移動するのは手間がかかり、ミスなども起こりやすくなります。そんなときは、レーザーツールで任意の場所をカットして削除していく方法がおすすめです。

CHAPTER 3

LESSON 4

#カット編集 #[ソースモニター]パネル

先にカットしてから
タイムラインに配置しよう

動画でも
チェック！

https://dekiru.net/
yprv2_304

練習用ファイル
3-4.prproj

[ソースモニター]パネルでクリップの使用箇所をトリミングしてからタイムラインに配置することで、効率よく動画編集を行えます。

① イン点とアウト点を設定

② タイムラインの配置

[ソースモニター]パネルでは、ソース（元素材）となるクリップの内容をプレビューできるほか、クリップのイン点とアウト点を設定できます。ここでイン点とアウト点を設定してからタイムラインにドラッグ＆ドロップすると、トリミングされた状態でクリップを配置できます。

> タイムラインに長いクリップが多く並ぶと、編集作業が大変です。なるべく[ソースモニター]パネルで使用する箇所を決めてからタイムラインに配置するようにしましょう。

［ソースモニター］パネルでイン点を決める

まずはクリップの始点（イン点）を指定します。[ソースモニター]パネルにクリップを表示して、[ソースモニター]パネルの再生ヘッド（🔻）を動画のイン点にしたい位置に移動します。ここでは「00:00:06:00」を指定しましょう。

① 練習用ファイル「3-4.prproj」を開きます。[プロジェクト]パネルの[Footage]ビンにある[Dog_11.mp4]をダブルクリックします❶。するとその素材が[ソースモニター]パネル❷に表示されます。

② タイムコード❸が「00：00：06：00」になる位置まで再生ヘッドを右方向にド
ラッグし❹、[インをマーク]ボタンをクリックします❺。するとイン点が設定
され、再生ヘッドよりうしろの部分が選択されます。

[ソースモニター]パネルでアウト点を決める

クリップの終点（アウト点）を指定します。

① タイムコード❶が「00：00：11：20」になる位置まで再生ヘッドを右方向にド
ラッグし❷、[アウトをマーク]ボタンをクリックします❸。するとイン点から
アウト点までが選択され、使用範囲が確定しました。

ここがPOINT

イン点／アウト点のショートカットキー

キーボードの I キーを押すと、再生ヘッドの位置が
イン点に設定されます。また、O キーを押すと再生
ヘッドの位置がアウト点になります。

タイムラインへ配置する

イン点とアウト点を指定したらドラッグ＆ドロップでタイムラインに並べます。

① ［ソースモニター］パネルのクリップをタイムラインの［Dog_10.mp4］の右側へドラッグ＆ドロップします❶。

できた！ タイムラインの右端に［ソースモニター］パネルで編集した新しいクリップが配置されました❷。

● [プロジェクト] パネルでもイン点とアウト点を決められる

[ソースモニター] パネルだけではなく、[プロジェクト] パネルでもクリップをカット
編集してタイムラインに並べられます。[プロジェクト] パネルの表示が [アイコン表
示] の場合、イン点とアウト点を設定できます。

① [プロジェクト] パネルで、[アイコン
表示] ボタンをクリックします**❶**。

② クリップをクリックすると、サムネイ
ル下に小さく再生ヘッドが表示され
ます**❷**。

③ マウスポインターでサムネイルの上
をなぞると再生ヘッドが移動するの
でイン点の位置でキーボードの「I」
キー、アウト点の位置で「O」キーを押し
てインとアウト点を決めます。

画面が小さいノートPCなどでは
少し操作しにくいかもしれません
が、サクッとカット編集したい場
合はこの方法で時短できます！

④ そのクリップをタイムラインにド
ラッグ＆ドロップすると指定した部
分のクリップが配置されます。

CHAPTER 3

LESSON 5

#クリップの挿入 #[プログラムモニター]パネル

クリップを挿入しよう

動画でもチェック！
https://dekiru.net/yprv2_305

練習用ファイル
3-5.prproj

クリップの前後や間に別のクリップを挿入できます。このレッスンでは、ドラッグ＆ドロップだけで挿入位置を指定できる効率的な方法を紹介します。

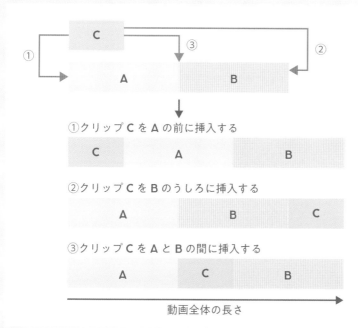

①クリップ C を A の前に挿入する

②クリップ C を B のうしろに挿入する

③クリップ C を A と B の間に挿入する

動画全体の長さ

● 挿入

新しいクリップを、シーケンス内の任意の位置に追加したい場合などに使います。
挿入された分だけ動画全体の尺は長くなります。

プログラムモニターでは、現在再生ヘッドがある位置を起点に、挿入位置を指定できる。[プロジェクト]パネルや[ソースモニター]パネルからプログラムモニターにクリップをドラッグすると、上の画面のように挿入位置のガイドが表示されるため、挿入したい位置でドロップする

現在のクリップに対してどの位置に挿入するかを指定できるため、編集ミスが起こりにくいのがメリットです。

❶ 前に挿入
現在のクリップの前に挿入します。

❷ 挿入
再生ヘッドの位置に挿入し、現在のクリップは再生ヘッドの位置で分割されます。

❸ 後ろに挿入
現在のクリップのうしろに挿入します。

❹ オーバーレイ
別のトラックに挿入します。
詳細 ➡ 75ページ

❺ 置き換え
現在のクリップを新しいクリップに置き換えます。
詳細 ➡ 73ページ

❻ 上書き
再生ヘッドの位置から新しいクリップで上書きします。
詳細 ➡ 71ページ

現在のクリップの前に
挿入する

新しいクリップを現在のクリップの前に挿入してみましょう。現在のクリップとは、再生ヘッドの位置にあるクリップのことです。

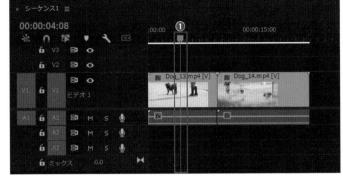

(1) 練習用ファイル「3-5.prproj」を開き、ソースモニターに[Dog_12.mp4]を表示します。

ここでは[Dog_13.mp4]の前に[Dog_12.mp4]を挿入したいので、再生ヘッドを[Dog_13.mp4]の位置に移動します❶。

(2) [Dog_12.mp4]をソースモニターからプログラムモニターへドラッグします❷。プログラムモニター上に分割された枠が表示されるので[前に挿入]の位置でドロップします❸。

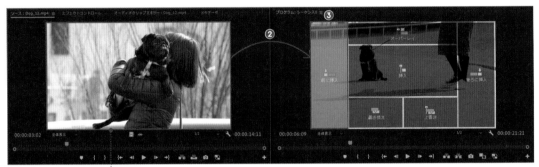

Dog_12.mp4

＼できた！／ タイムラインの[Dog_13.mp4]の前に[Dog_12.mp4]が挿入されました❹。

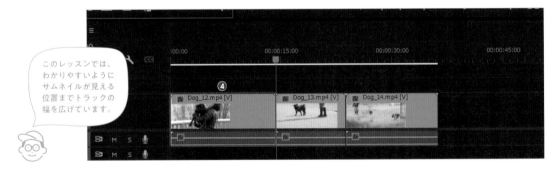

このレッスンでは、わかりやすいようにサムネイルが見える位置までトラックの幅を広げています。

もっと
＼知りたい！／

● ソースモニターでも挿入できる！

[ソースモニター]パネルの[インサート]ボタンからもクリップを挿入できます。このレッスンで紹介した[挿入]と同じ機能です。[ソースモニター]パネルの[インサート]ボタンをクリックすると❶、タイムラインの再生ヘッドがある位置に新しいクリップが挿入されます。

CHAPTER 3

LESSON 6

#クリップの上書き #[プログラムモニター]パネル

クリップを上書きしよう

動画でも
チェック!

https://dekiru.net/
yprv2_306

練習用ファイル
3-6.prproj

「クリップの上書き」とは、もとのクリップの上に新しいクリップを重ねることです。上書きされた部分にあったもとのクリップはなくなります。

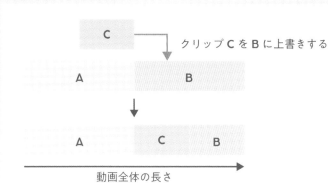

クリップ**C**を**B**に上書きする

● 上書き
クリップの上に新しいクリップを重ねることで上書きします。もとのクリップより新しいクリップが短い場合、動画全体の長さは変わりません。

動画全体の長さ

クリップを上書きする

再生ヘッドの位置にあるクリップを新しいクリップで上書きします。

> レッスン3の「もっと知りたい！」でうしろのクリップで前のクリップを上書きする方法を紹介しましたが、ここで紹介するのは新しいクリップで上書きする方法です。

① 練習用ファイル「3-6.prproj」を開き、ソースモニターに[Dog_13.mp4]を表示します。再生ヘッドを「00:00:02:00」に移動します❶。ソースモニターの[Dog_13.mp4]をプログラムモニターまでドラッグし❷、[上書き]の上でドロップします❸。

Dog_13.mp4

できた！ 再生ヘッドの位置に[Dog_13.mp4]が挿入され、[Dog_12.mp4]が分断
されました❹。

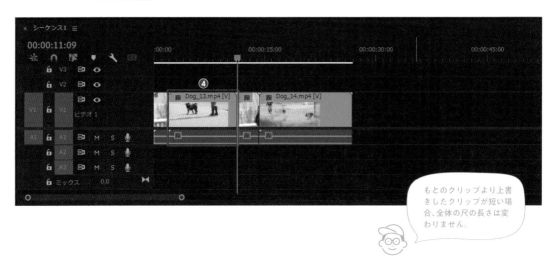

もとのクリップより上書
きしたクリップが短い場
合、全体の尺の長さは変
わりません。

もっと
知りたい！

● ほかにもある上書き方法

70ページの「挿入」と同じように、[ソースモニター]パネルの[上書き]ボタンからでもクリップを上書きできます。
タイムラインの再生ヘッドを上書きしたい位置に移動し、[ソースモニター]パネルの[上書き]ボタン❶をクリックするだけです。

CHAPTER 3

#クリップの置き換え #[プログラムモニター]パネル

LESSON
7

クリップを別のクリップに置き換えよう

動画でもチェック！

https://dekiru.net/yprv2_307

練習用ファイル
3-7.prproj

クリップを丸ごと別のクリップに置き換える方法を紹介します。クリップ単位で差し替えたい場合に便利です。

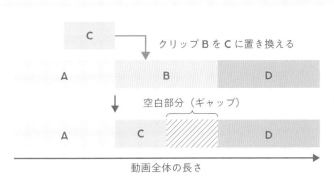

クリップ B を C に置き換える

空白部分（ギャップ）

動画全体の長さ

● 置き換え

クリップとクリップを置き換えます。新しいクリップが置き換えたもとのクリップより短いときは空白部分（ギャップ）が生じます。

クリップを丸ごと差し替える

既存のクリップを別のクリップと丸ごと差し替えます。差し替えたいクリップの上に再生ヘッドを移動して、[プログラムモニター]パネル上で[置き換え]を選択します。

1 練習用ファイル「3-7.prproj」を開き、ソースモニターに[Dog_13.mp4]を表示します。再生ヘッドを[Dog_12.mp4]の位置に移動します❶。ソースモニターの[Dog_13.mp4]をプログラムモニターまでドラッグし❷、[置き換え]でドロップします❸。

Dog_13.mp4

② 再生ヘッドの位置にあるク
リップが[Dog_13.mp4]に置
き換わりました❹。

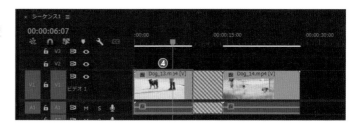

置き換えで生じたギャップを削除する

レッスン冒頭の図にあるように、置き換わったクリップのほうが尺が短い場合は斜線
のエリアが表示され、その部分は空白の状態（ギャップ）になっています。不要な部分
なので削除しましょう。

① 斜線部分をカットします。斜
線が入ったクリップの右端を
左方向にドラッグして斜線が
なくなる位置でドロップしま
す❶。

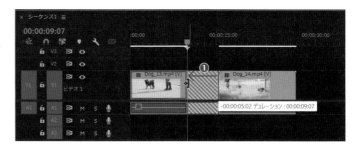

② カットした部分にギャップが
生じます❷。

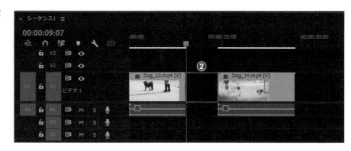

③ ギャップをクリックし❸ Delete
キーで削除します。

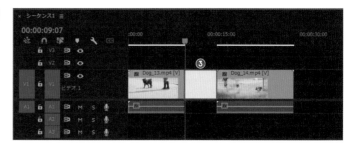

\できた！/ 空白が削除され、クリッ
プがつながりました。

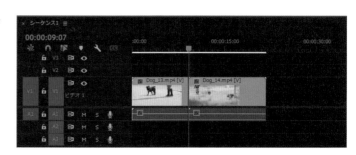

LESSON 8

#クリップのオーバーレイ #[プログラムモニター]パネル

クリップを別のトラックに挿入しよう

クリップを上書きするともとのクリップが消えますが、オーバーレイを使えばクリップを別のトラックに挿入できるため、もとのクリップを消さずに上書きと同様の効果が得られます。

動画でもチェック！
https://dekiru.net/
yprv2_308

練習用ファイル
3-8.prproj

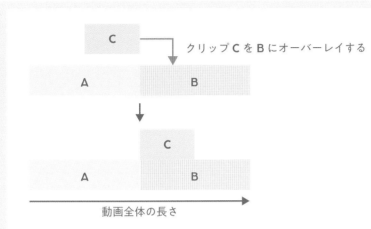

クリップ C を B にオーバーレイする

● **オーバーレイ**
クリップを1つ上のトラックに配置します。

動画全体の長さ

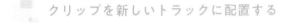

クリップを新しいトラックに配置する

再生ヘッドの位置を始点として、新しいトラックにクリップを配置します。

① 練習用ファイル「3-8.prproj」を開き、ソースモニターに[Dog_13.mp4]を表示します。ソースモニターのクリップをプログラムモニターまでドラッグし❶、[オーバーレイ]の上でドロップします❷。

Dog_13.mp4

`できた！` 再生ヘッドの位置を始点に、1つ上のトラックに新しいクリップが配置されました❸。

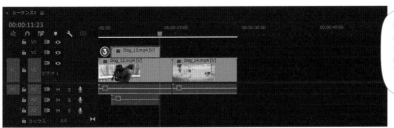

[プロジェクト]パネルからプログラムモニターへドラッグ＆ドロップしても、クリップを同じように配置できます。

#エフェクト

エフェクトについて 理解しよう

動画の見映えを整えたり、シーンを印象的に切り替えたりしたい場合は、エフェクトを使いましょう。簡単な操作で演出効果を高めることができます。

エフェクトとは

映像や音声に加える効果のことを「エフェクト」といいます。エフェクトを使うことで、映像をフェードイン／フェードアウトさせたり、特定の色を強調したり、部分的に明るくしたりできます。エフェクトは、動画をつくり込むのに欠かせないものなので、基本的な使い方を覚えておきましょう。Premiere Proでは[エフェクト]パネルにさまざまな種類のエフェクトがまとめられていて、ここからタイムラインのクリップ上にドラッグ＆ドロップすることで、その場所にエフェクトをかけられます。

シーンの切り替えにクロスディゾルブを適用。前のクリップに重なるように徐々に後ろのクリップに切り替わる

タイムラインにおけるエフェクトの表示

タイムラインのクリップの表示で、どんなエフェクトが適用されているかが確認できます。クリップの端や間に表示されているのは、クリップとクリップの切り替わりに作用する、トランジションという種類のエフェクトです。
また、クリップの左上にある[fx]バッジではクリップの色を変えたりぼかしたりといった、クリップ単体に作用するエフェクトが適用されているかどうかを判断できます。
[fx]バッジの色によって適用されているエフェクトの種類がわかります。

トランジション　　　　[fx]バッジ

具体的なエフェクトについてはこのあと説明していきます。

もっと
知りたい！

● クリップの[fx]バッジの見方を知ろう

たとえば上の画面をよく見ると、[V1]トラックのクリップの[fx]はグレーで、[V2]トラックの[fx]は紫になっていますが、グレーの場合は、そのクリップにはエフェクトが適用されていないことを意味しています。なお、[fx]バッジを右クリックすると、あらかじめ設定されているモーション、不透明度、タイムリマップなどのエフェクト（「固有のエフェクト」といいます）がすばやく適用できます。固有のエフェクトが設定されている場合、[fx]は黄色になります。

CHAPTER 3

#エフェクトの適用 #フェードイン／フェードアウト

LESSON 10

映像の始めと終わりに エフェクトをかけよう

動画でも チェック！

https://dekiru.net/ yprv2_310

練習用ファイル
3-10.prproj

何もない状態から徐々に映像や音声が現れてくる効果をフェードイン、逆に徐々に消えていく効果をフェードアウトといいます。ここでは映像にフェードインとフェードアウトを設定します。

フェードイン　　　　　　　　　　　　　　　　フェードアウト

徐々に現れてくる効果をフェードイン、徐々に消えていく効果をフェードアウトといいます。動画をフェードインさせることで、鑑賞者に「これから何かが始まる」という期待感を持たせたり、心構えをする時間を与えたりできます。また、映像をフェードアウトさせることで、ゆったりとした余韻を与えられます。シンプルながら効果的な演出手法です。

フェードインとフェードアウトはよく使う効果なのでぜひ覚えて使用してみましょう！

［エフェクト］パネルを表示する

フェードインやフェードアウトは、「ディゾルブ」というエフェクトで設定します。まずは［エフェクト］パネルを開きましょう。

① 練習用ファイル「3-10.prproj」を開きます。［プロジェクト］パネルの［>>］をクリックして❶、［エフェクト］を選択します❷。

ここがPOINT

隠れているパネルを表示するには？

パネルの右上の［>>］をクリックすると、隠れているパネルを選択できます。［プロジェクト］パネルや［エフェクト］パネルを切り替えるときによく利用するので覚えておきましょう。

② さまざまなエフェクトが格納され
ている [エフェクト] パネルが表示
されました。

ここがPOINT

エフェクトのリストをフィルタリングする方法

[エフェクト] パネルの右上にある3つのフォルダー
アイコンで、パネルに表示するエフェクトをフィル
タリング（絞り込み）できます。

❶ [高速処理エフェクト] アイコン
GPUを利用できるエフェクトが表示されます。エ
フェクトの処理をGPUで行えるため、レンダリング
が高速になります。クリップの色合いを変更できる
Lumetriプリセットなどがあります。

❷ [32bitカラー] アイコン
高いカラー解像度、なめらかなカラーグラデーショ
ンが得られるエフェクトです。クロスディゾルブな
どがあります。

❸ [YUVエフェクト] アイコン
ピクセルの色空間をRGBに変換せずYUVのまま処理
を行います。Lumetriカラーなどがあります。

クロスディゾルブを選択する

① [エフェクト] パネルの [ビデオ
トランジション] ❶→[ディゾルブ]
❷→[クロスディゾルブ] を選択し
ます❸。

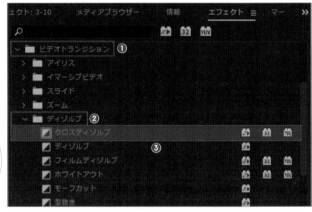

ディゾルブが見えない場
合は、スクロールバーを下
にドラッグして表示しま
しょう。

ここがPOINT

項目を開くには？

Premiere Proのパネルやウィンドウ
内には、多くの機能が項目ごとにまと
められています。各機能にアクセス
するには、項目名の先頭にある [>] を
クリックします。すると [>] が下向
きになり、その項目が開きます。

ここがPOINT

ビデオトランジションって何？

エフェクトは、種類ごとにまとめられています。
上の画面にもある「ビデオトランジション」と
は、場面を転換するときに使うエフェクトのこ
とです。フェードインやフェードアウトを実現
する「ディゾルブ」のほか、十字型など図形の枠
内に次の場面が表示され徐々に枠が大きくなっ
て場面が転換する「クロスアイリス」など、さま
ざまなものが用意されています。

トランジションの種類 ➡ 84ページ

クリップにエフェクトを適用する

エフェクトは、効果をかけたいクリップ上にドラッグ&ドロップすることで適用できます。まずフェードインの効果をクリップの先頭にかけて、そのあとフェードアウトの効果をクリップの最後にかけましょう。

1 ［クロスディゾルブ］❶を、［V1］トラックにあるクリップの先頭にドラッグし❷、マウスポインターの形が 🚩 になったところでドロップします。

2 クリップの先頭に［クロスディゾルブ］エフェクトが適用されました❸。

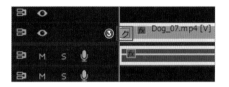

ここがPOINT

トランジションのショートカット

クリップを選択して Ctrl + D キーを押すと、初期状態（デフォルト）のトランジション（クロスディゾルブ）をすばやくかけられます。

もっと
知りたい！

● ショートカットキーに設定されたエフェクトを変更するには？

Premiere Proでは、使用頻度の高いトランジションがショートカットキーとしてすぐ使えるように設定されています。初期状態ではクロスディゾルブとなっていますが、好きなものに変更できます。変更するには、［エフェクト］パネルの一覧で、初期状態に設定したいエフェクトを右クリックして［選択したトランジションをデフォルトに設定］をクリックします。

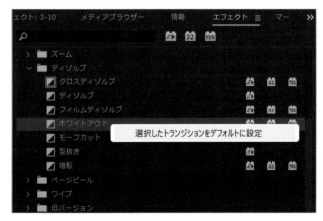

初期状態のことを「デフォルト」といいます。

［エフェクト］パネルで、デフォルトに設定したいトランジションを右クリックし、［選択したトランジションをデフォルトに設定］をクリック

③ 手順①と同様に、[クロスディゾルブ]をクリップの終わりの位置にドラッグ＆ドロップします❹。

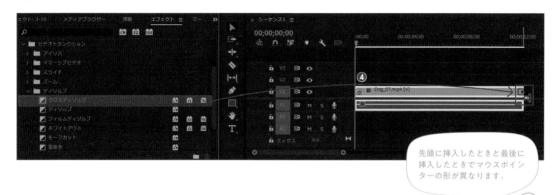

先頭に挿入したときと最後に挿入したときでマウスポインターの形が異なります。

できた！ [プログラム]パネルの▶（再生ボタン）をクリックして、フェードインとフェードアウトの効果が適用されたことを確認しましょう。

もっと
知りたい！

● エフェクトがかかる長さを調整しよう

初期状態ではフェードインやフェードアウトの継続時間は1秒となっていますが、この長さは変更できます。トランジション（[クロスディゾルブ]）の右端にマウスポインターを合わせ❶、マウスポインターの形が〓になった状態でドラッグします。

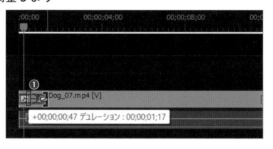

また、トランジションをダブルクリックして❷、[トランジションのデュレーションを設定]ダイアログ❸から変更することもできます。

CHAPTER 3

LESSON 11

#エフェクトの適用 #トランジション

シーンの切り替えに
エフェクトをかけよう

動画でも
チェック！

https://dekiru.net/
yprv2_311

練習用ファイル
3-11.prproj

クリップとクリップの間にエフェクトを適用することで、シーンを徐々に切り替えられます。

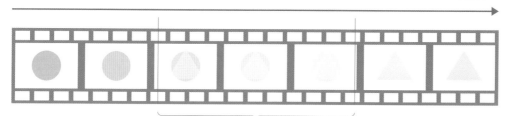

フェード効果がクロスする（交わる）

クリップ同士をどのようにつなげるかによって、そのシーンの印象は大きく異なるものになります。瞬間的に切り替えればスピード感のある演出、前後のクリップが交差するように切り替われば溶け込んでいくような演出、といったように、見せたい場面によって切り替え効果を使い分けましょう。

トランジションの適用部分に予備フレームをつくる

シーンの切り替えにトランジションを適用すると、前後のクリップが交差して表示されます。そのため交差する部分の尺が必要となります。この尺を「予備フレーム」といいます。通常は、クリップの前後のカットされた部分がトランジション用の尺となるため、あらかじめクリップの前後をカットしておく必要があります。ここでは前後のクリップを1秒ずつカットしてからトランジションを適用します。

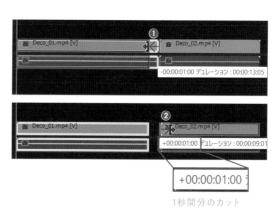

+00:00:01:00

1秒間分のカット

① 練習用ファイル「3-11.prproj」を開きます。[Deco_01.mp4]の終わりを左方向に1秒間分ドラッグしてカットします❶。同じように[Deco_02.mp4]の始まりを右方向にドラッグしてカットします❷。

ここがPOINT

タイムコードの表示をもとにカットする

クリップの端をドラッグすると、タイムコードが表示されます。ちょうど1秒間カットするには [-00:00:01:00]、または [+00:00:01:00] と表示される位置までドラッグしましょう。

② クリップの間にできたギャップをクリックし
❸、[Delete]キーを押します。ギャップが削除
されたことを確認しましょう。

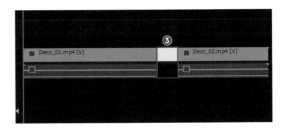

シーンの切り替えにクロスディゾルブを適用する

① 78ページの手順①を参考に、[エフェクト]パネルの[クロスディゾルブ]を選
択し❶、[Deco_01.mp4]と[Deco_02.mp4]の間にドラッグ＆ドロップしま
す❷。

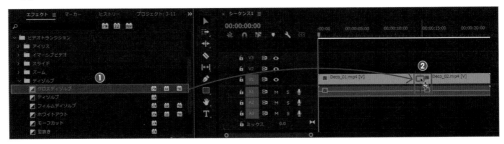

② クリップとクリップの間に[クロスディゾルブ]が
適用されたのが確認できます❸。

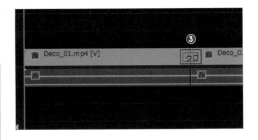

┌─ ここがPOINT ──────────

クリップ間のトランジションのショートカット

エフェクトでつなぎたい2つのクリップを選択して
[ctrl]+[D]キーを押すと、初期状態で設定されているトラン
ジションエフェクトを適用できます。

「初期状態のトランジション」の詳細 ➡ 79ページ

\できた！/ 再生して確認してみましょう。シーンがフェードで切り替わるトランジ
ションが完成しました。

> クリップ間のトランジションも
> フェードイン、フェードアウトと
> 同じようにデュレーションを変更
> できます！

● 予備フレームがない状態でトランジションを適用するとどうなる？

81ページでトランジションの適用部分に予備フレームをつくる方法を解説しましたが、
予備フレームがないとはどのような状態なのか、実際の手順を追って解説します。

① 素材を読み込んだままの状態だと
クリップとクリップの間に白い三
角形が表示されています❶。この
マークは、クリップがカットされ
ていないこと、つまりもとのまま
の状態であることを表しています。

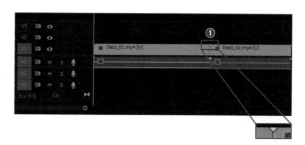

② この状態でトランジションを適用
しようとすると予備フレームの不
足を警告するメッセージが表示さ
れます。

③ 手順②の画面で［OK］ボタンをク
リックすると警告を無視してトラ
ンジションが適用されます。どの
ような状態で適用されているか
確認するためにトランジションを
クリックし❷、［エフェクトコント
ロール］パネルを開きます❸。トラ
ンジションを適用させるための予
備フレームは、切り替わり部分の
数フレーム❹を繰り返し表示する
ことで無理やり補っています。

この状態だと違和感のあるトラ
ンジションになってしまうので、
しっかり各クリップに余剰尺（予
備フレーム）を用意してトランジ
ションをかけましょう！

● トランジションの種類を押さえておこう！

このレッスンで紹介したトランジション以外にもさまざまなトランジションがあります。
いろいろ試して、つくりたい動画に合うものを選びましょう。

アイリス（クロス）
クロスの形が中心から広がってシー
ンが切り替わる

split
画面がセンターから左右に割れて
シーンが切り替わる

ホワイトアウト
画面がホワイトアウトしてシーンが
切り替わる

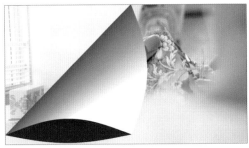

ページピール
左上からページがめくれてシーンが
切り替わる

ランダムブロック
ブロックがランダムにどんどん増え
ていきシーンが切り替わる

ワイプ
左から右に、画面が拭き取られる
ようにシーンが切り替わる

LESSON
12

#Lumetriスコープ #自動補正 #カラーコレクション

カラーを補正しよう

動画でも
チェック！

https://dekiru.net/
yprv2_312

動画をより美しく見せるには「カラー補正」が欠かせません。ここではやや暗めのトーンの動画を明るくする方法を解説します。

練習用ファイル
3-12.prproj

[Lumetriカラー] パネルにはカラー補正を行うさまざまな機能が集約されています。ここでは [Lumetriカラー] パネルを操作して、やや暗いトーンの映像をメリハリのある映像に補正していきます。自動補正や手動でパラメーターを操作する方法、カーブを使った方法など、さまざまな補正方法を紹介します。また色の範囲を表すLumetriスコープの見方も解説します。

カラーはストーリーを伝えるうえで重要な役割を担っています！まずは基本的な補正を理解しましょう。

 ワークスペースを切り替える

ここではカラー補正に役立つパネルが揃った [カラー] ワークスペースに切り替えます。さらにクリップの明るさが確認できるLumetriスコープを表示させて作業の準備をしましょう。

1 練習用ファイル「3-12.prproj」を開きます。画面右上にある [ワークスペース] ボタンをクリックし❶、[カラー] を選択します❷。

② タイムラインのクリップを選択し❸、[Lumetriスコープ]タブをクリックします❹。[Lumetriスコープ]パネルを右クリックして表示されたメニューの[波形]にチェックがついていることを確認し❺、[波形タイプ]→[輝度]をクリックします❻。

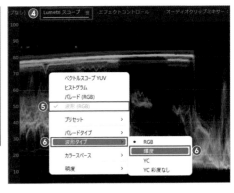

Lumetriスコープ[波形（輝度）]の見方

Lumetriスコープ[波形（輝度）]はクリップの明るさを波形で表示させたものです。波形上部がクリップのハイライト（明るい部分）、真ん中付近がミッドトーン（中間）、下部がシャドウ（暗い部分）として明るさの分布を表しています。波形の高低差があるほどコントラストが強く、高低差がないほどコントラストが弱いことを示しています。横軸は画面の横位置に対応しています。

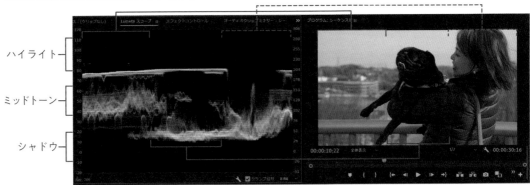

ハイライト

ミッドトーン

シャドウ

クリップの中央部分は黒い犬や黒いジャケットが画面の大半を占めるので、スコープの中央部分もシャドウに分布が偏っていることがわかる

ここがPOINT

ハイライト、ミッドトーン、シャドウの違い

このクリップでは、いちばん明るい空の部分がハイライト、いちばん暗い犬やジャケット、髪の毛の部分がシャドウ、中間的な明るさの背景の街並みや顔の部分がミッドトーンとなります。

ハイライト

ミッドトーン　　シャドウ

クリップの左部分は背景が大半を占めるので、ミッドトーンに分布が多いのですね。

ここが POINT

Lumetriスコープ「波形（輝度）」で白とびや黒つぶれを防げる

輝度のレベルはLumetriスコープ左軸の0〜100の間で調整する必要があります。
100を超えると白とび、0を下回ると黒つぶれなど適正でない状態となります。

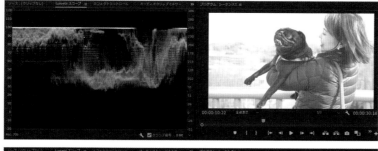

左軸の値を見ると波形が100を超えている状態。ハイライト部分が真っ白になり白とびが発生している

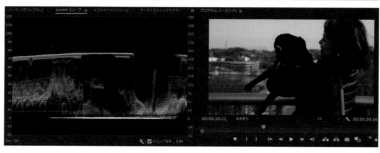

波形が0を下回っている状態。シャドウ部分が真っ黒になり黒つぶれしている

自動でカラーを調整する

まずは自動補正機能を使って、映像のカラーを調整してみましょう。ボタンをクリックするだけで、明るさや色味、彩度などを調整してくれます。

① クリップを選択し❶、画面右側の［Lumetriカラー］パネルの［基本補正］にある
［自動］ボタンをクリックします❷。

② 明るい部分はさらに明るく、暗い部分はさらに暗く補正され、メリハリのある
映像になりました。Lumetriスコープを見ると波形の上下の幅が広がってい
ることがわかります。これはコントラストが強くなったことを表します。

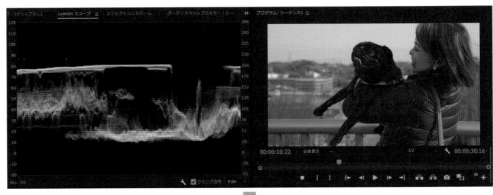

ここがPOINT

それぞれのパラメーターが自動的に調整される

[自動] ボタンをクリックすると、その下にある彩度やハ
イライトなどのパラメーターが自動的に調整されます。
それぞれのパラメーターは以下の値を調整します。

ホワイトバランス（スポイト）
.... スポイトでクリックした箇所が「白の
基準」であると認識され [色温度][色か
ぶり補正] の値を自動的に調整する❶

色温度............... 暖色系、寒色系に調整する❷

色かぶり補正...... グリーン、マゼンタの値を調整して色
かぶりを補正する❸

彩度................... 色の濃淡を調整する❹

露光量............... 全体の明るさを調整する❺
コントラスト...... 明暗の強弱を調整する❻
ハイライト......... 明るい部分を調整する❼
シャドウ............ 暗い部分を調整する❽
白レベル............ もっとも明るい部分を調整する❾
黒レベル............ もっとも暗い部分を調整する❿

∨ カラー
❶ ホワイトバランス
❷ 色温度 ──────○─── 0.3
❸ 色かぶり補正 ─────○── 0.2
❹ 彩度 ──────○─── 115.7
∨ ライト
❺ 露光量 ─────○──── 0.8
❻ コントラスト ───○────── -21.9
❼ ハイライト ──────○─── 36.5
❽ シャドウ ────○───── -26.7
❾ 白レベル ────○───── -32.8
❿ 黒レベル ─────○──── -15.5

ここからさらに、各
パラメーターを手
動で調整してもい
いでしょう。

パラメーターでカラーを調整する

それぞれのパラメーターを手動で操作してカラーを調整することもできます。パラメーターを一度リセットして、コントラストや彩度を手動で調整して鮮やかでメリハリのある映像にしてみましょう。

(1) [基本補正]にある[リセット]ボタンをクリックします❶。

(2) パラメーターが初期状態に戻るので、[彩度][露光量][コントラスト][ハイライト][シャドウ]の数値をクリックして、次のように入力します。

彩度………………「160.0」❷
露光量……………「0.7」❸
コントラスト……「23.0」❹
ハイライト………「45.0」❺
シャドウ…………「-10.0」❻

(3) 映像の明るい部分、暗い部分の差がつき、さらに鮮やかになりました。

［RGBカーブ］を使って輝度を調整する

[RGBカーブ]を使うと、任意の箇所の輝度（明るさ）をピンポイントで調整できます。たとえば、映像のハイライト部分だけをより明るくしたり、ミッドトーンだけを暗くしたりといった調整ができます。
カーブでなめらかな曲線を描くことで自然な調整が可能です。ここではハイライトとミッドトーンの部分を明るく、シャドウ部分を少し暗くしてみましょう。

(1) [基本補正]にある[リセット]ボタンをクリックし、パラメーターをリセットしたら[カーブ]をクリックして❶、[RGBカーブ]を表示します。

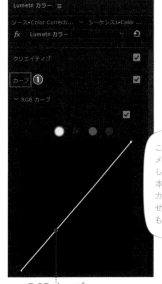

RGB カーブ

ここでは一度パラメーターをリセットしていますが、[基本補正]と[RGBカーブ]を組み合わせて調整することも多いです。

ここがPOINT

RGBカーブの基本

RGBカーブとは、RGBで構成された画像の明るさの分布を表したグラフです。右上がハイライト（もっとも明るい部分）、中間がミッドトーン（中間調）、左下がシャドウ（暗い部分）を表しています。線の上に点を打ち、この点を上に動かすと明るく、下に動かすと暗く補正されます。

カーブの上には白、赤（R）、緑（G）、青（B）のボタンがあり、輝度を調整する場合は、白を選択します。ボタンを選択することで、映像のRGBそれぞれの調整も可能です。

調整したい項目を選択

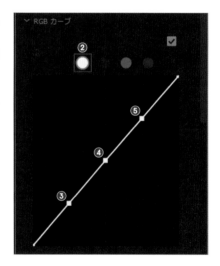

線の上部でハイライト、真ん中付近でミッドトーン、下部でシャドウを調整できる

---

2 ここでは輝度（明るさ）を調整したいのでRGBカーブの上にある白いボタンをクリックします❷。白い線の上にマウスポインターを合わせると、マウスポインターがペンの形✎.に切り替わるので、クリックして点を打ちましょう。下のほうにシャドウを調整する点❸、真ん中あたりにミッドトーンを調整する点❹、上のほうにハイライトを調整する点❺をそれぞれクリックして打ちます。

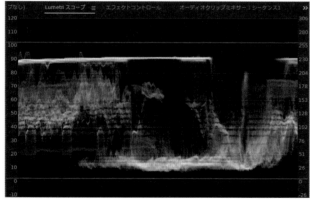

3 Lumetriスコープを見ながら、ハイライト、ミッドトーンの点を上に❻、シャドウの点を下にドラッグします❼。

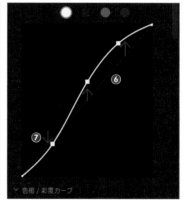

白とびや黒つぶれに注意しながら調整する

できた！ ハイライトとミッドトーンの部分が明るく、シャドウ部分が少し暗くなり、
コントラストの効いた映像になりました。

Before

After

> コントラストを強くする場合、カーブを
> S字の形にする「S字カーブ」を意識する
> とよいでしょう。S字カーブのコントラ
> スト調整は、それぞれのポイントを動か
> すことでパラメーターを使った補正よ
> り細かな調整が可能です。

もっと
知りたい！

● 点を打つことで、ピンポイントで
　調整できる

点を打った部分はドラッグしない限り固定されるの
で、狙った範囲のみ調整できます。たとえばミッド
トーンの点をドラッグすれば、ほかの点を固定したま
まピンポイントでミッドトーンのみ調整可能です。

① 3つの点を打ち、ミッドトーンを表す真ん
中の点だけを上にドラッグします❶。

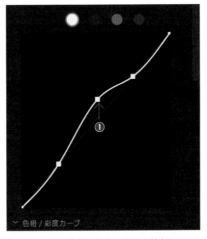

ミッドトーンの点だけを上にドラッグする

② 背景の街並みなど、ミッドトーンの部分だ
けが明るくなりました。

CHAPTER 3

LESSON 13

#Lumetriスコープ #スポイト

ホワイトバランスを調整しよう

動画でもチェック！

https://dekiru.net/yprv2_313

練習用ファイル

3-13.prproj

撮影した動画の色が、全体的に赤みがかっていたり、青みがかっていたりという経験は誰しもあると思います。このレッスンでは、そのような色味の調整方法を紹介します。

全体的にオレンジ色に色かぶりしている映像を、ホワイトバランスを調整して、自然な色合いにしていきます。スポイトを使って簡単に補正する方法と、Lumetriスコープを確認しながらパラメーターを調整して行う方法を解説します。

知りたい！

● ホワイトバランスを理解しよう

ホワイトバランスとは、カメラが白いものを白く撮影するための設定です。光には色がついていて、たとえば真っ白い紙を豆電球の下で見ると赤っぽく、曇り空の下で見ると青っぽく見えるのはそのためです。それでも私たち人間の目は、どちらも自動的に「白」に補正して見ますが、カメラは赤っぽいものは赤、青っぽいものは青としてそのまま撮影します。このような全体の色味が赤や青によった状態を「色かぶり」といいますが、ホワイトバランスを設定することで、色かぶりを自然な状態に調整できます。

光の色

青みが増す（寒色）　　　　　　　　　　　　　　　　赤みが増す（暖色）

晴天の日陰　　曇天　　　晴天　　蛍光灯　　夕焼け　　ロウソク

光の色は「色温度」によって決まります。赤っぽい色のほうが色温度が低く、青くなるほど色温度が高くなります。色温度やホワイトバランスは撮影時にも設定できます。
なおカメラの設定は、逆に色温度を高くすると暖色寄りに、低くすると寒色寄りになります。

Lumetriスコープ［波形（RGB）］で値を確認する

映像のRGBそれぞれの分布が波形でわかる、Lumetriスコープ［波形（RGB）］を表示し、補正前の状態を確認しましょう。

① 練習用ファイル「3-13.prproj」を開き、［カラー］ワークスペースに切り替えます。タイムラインのクリップを選択し❶、［Lumetriスコープ］パネルを表示します❷。［Lumetriスコープ］パネルを右クリックして表示されたメニューの［波形］にチェックがついていることを確認し❸、［波形タイプ］→［RGB］をクリックします❹。

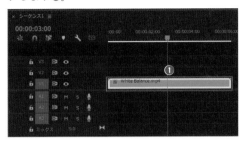
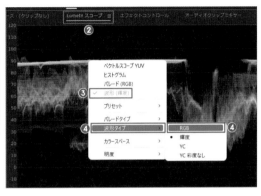

② Lumetriスコープを確認すると、全体的に赤（R）の値が高く、青（B）の値が低いことがわかります。

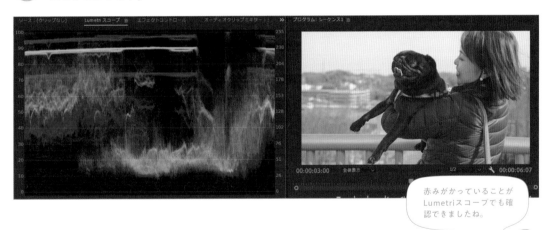

> 赤みがかっていることが Lumetriスコープでも確認できましたね。

ここがPOINT

Lumetriスコープ［波形（RGB）］の見方

輝度の波形と同様に、波形上部がクリップのハイライト（明るい部分）、真ん中付近がミッドトーン（中間）、下部がシャドウ（暗い部分）として明るさの分布を表しています。ハイライトの部分（映像でいうと空など明るい部分）を見ると、RGBの差がわかりやすいでしょう。

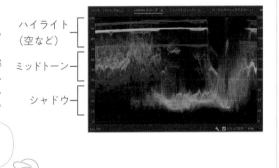

ハイライト（空など）
ミッドトーン
シャドウ

> このRGBの差を少なくすることで、ホワイトバランスを整えていきます。

［ホワイトバランス］のスポイトを使うと簡単にホワイトバランスを調整できます。スポイトで選択した位置が「白の基準」であると認識され、全体の色味が自動的に調整されます。

① ［Lumetriカラー］パネルの［基本補正］→［カラー］にある［ホワイトバランス］のスポイトをクリックし❶、プログラムモニター上で空の部分をクリックします❷。

ここがPOINT

白に近い部分を探そう

映像の中に白い看板や真っ白な建物など、もともとの色が白とはっきりとわかるものがある場合は、その部分をスポイトで選択します。この素材のように、白とはっきりわかるものがない場合は全体の色合いから白に近い部分を選択しましょう。

② 空の部分が白と認識されて、ホワイトバランスが自動的に調整されます。Lumetriスコープを見ると、ハイライトの部分のRGBの値が揃ったのがわかります。

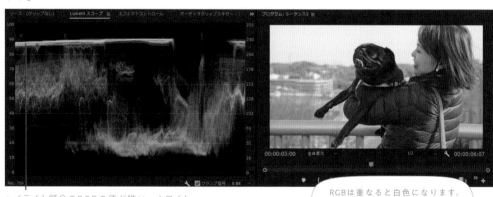

ハイライト部分のRGBの値が揃い、ホワイトバランスが整ったことがわかる

RGBは重なると白色になります。Lumetriスコープ（RGB）の白い部分はRGBの値が揃っているということを表しているのですね。

パラメーターでホワイトバランスを調整する

前ページの手順①のようにスポイトを使うと、［色温度］と［色かぶ
り補正］のパラメーターが自動的に調整されます。Lumetriスコー
プを見ながらこの値を手動で操作して、ホワイトバランスを整える
方法も知っておきましょう。

① ［基本補正］にある［リセット］ボタンをクリックし❶、パラ
メーターを初期状態に戻します。

② ハイライト部分（空の部分）を基準にホワイトバランスを整え
ていきます。まずは［色温度］のスライダーを左にドラッグし
てみましょう❷。クリップからオレンジの色味が薄れました。

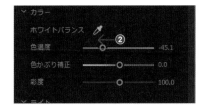

ここがPOINT

「色温度」と「色かぶり補正」を理解する

［色温度］は92ページの「知りたい」で説明した寒色（青）と暖色（オレンジ）の色合いを調整する
機能です。［色かぶり補正］は緑からマゼンタの色合いを調整する機能で色かぶりを補正できます。

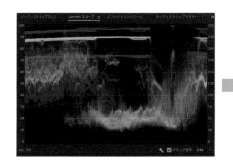
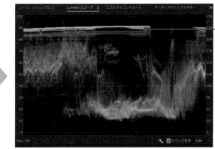

RGBのそれぞれの
値が近くなった

③ やや緑の値が高いので、［色かぶり補正］のスライダーを
右に少しドラッグします❸。

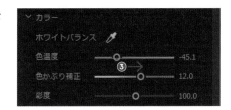

できた！　RGBの値が揃いホワイトバランスが整いました。

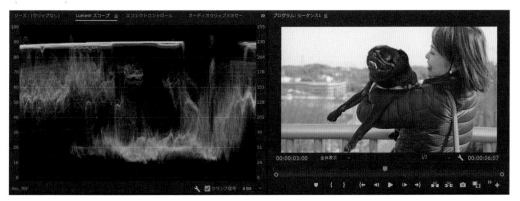

#横書き文字ツール

動画でも
チェック!

https://dekiru.net/
yprv2_314

LESSON 14 動画にタイトルを入れよう

動画の冒頭に表示されるタイトルを作成しましょう。Premiere Proでは動画に合わせてさまざまなスタイルのタイトルが作成できます。

練習用ファイル
3-14.prproj

Premiere Proでは、動画上にテキストや図形を挿入することができます。ここでは動画の印象に合わせて白にピンク色の境界線をつけたシンプルなタイトルを作成しましょう。

> ［エッセンシャルグラフィックス］パネルが表示されない場合は［ウィンドウ］メニューの［エッセンシャルグラフィックス］をクリックして表示しましょう。

［エッセンシャルグラフィックス］パネルを表示する

Premiere Proでは、テキストは図形などと同じ「グラフィック」として扱われます。グラフィックを作成するためのワークスペースに切り替えてから作業しましょう。

① 練習用ファイル「3-14.prproj」を開き、［キャプションとグラフィック］ワークスペースに切り替えます❶。画面右側に［エッセンシャルグラフィックス］パネルが表示されたことを確認します❷。

テキストを入力する

① テキストはタイムラインの再生ヘッド
の位置に生成されます。動画の最初か
ら表示させたいので再生ヘッドを動画
の始点に移動します❶。

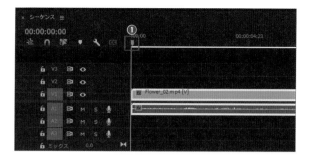

② [ツール] パネルの [横書き文字ツール] をクリックし❷、図を参考にプログラム
モニター上をクリックすると、テキストボックスが表示されます❸。ここでは
わかりやすいように、空の部分をクリックしました。
タイムライン上にテキストクリップが作成されたことを確認します❹。

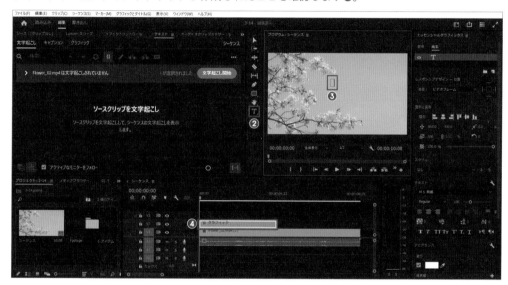

③ 「Hello Spring」と入力します。

文字の色は初期状態では白ですが、ほかの色にも変更できます。また、色以外にもさまざまな書式を設定できます。書式の変更は、[エッセンシャルグラフィックス]パネルで変更したいテキストのレイヤーを選択して行います。ここでは、塗りを白、境界線をピンク色に設定します。

① [エッセンシャルグラフィックス]パネルの[編集]をクリックし❶、テキストレイヤーを選択します❷。

② [エッセンシャルグラフィックス]パネルの[テキスト]で、フォントの種類を[Century Gothic][Regular]❸、フォントサイズを「140」❹、[トラッキング]を「90」に設定します❺。

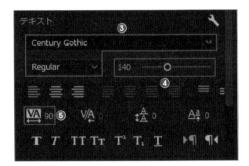

ここがPOINT

トラッキングとは？

トラッキングとは文字列の間隔を調整する機能です。バランスを考えて調整しましょう。

[Century Gothic]はAdobe Fontsから利用できるフォントです（2023年5月時点）。もちろんほかのフォントでも大丈夫です。

③ [アピアランス]で[境界線]にチェックを入れて❻、チェックボックスの右側の色をクリックします❼。[カラーピッカー]が表示されるので、#の部分に「E2B7AD」と入力し❽、[OK]ボタンをクリックします❾。

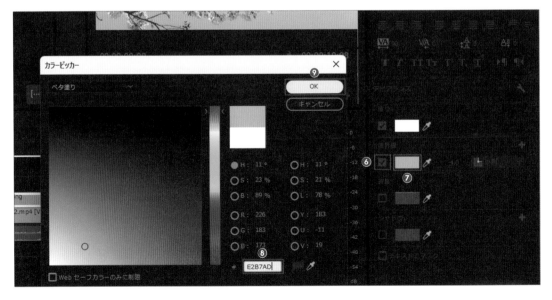

④ ［境界線の幅］に「10」と入力します❿。

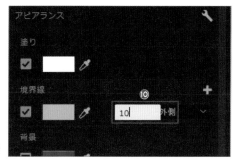

［塗り］は白のままなのでここでは操作しないで大丈夫です。

⑤ ここまでの操作で、右の画面の状態になっていることを確認しましょう。

Hello Spring

ここがPOINT

テキストのアピアランスで印象が変わる

アピアランスではほかにもテキストに背景を追加したり、シャドウをつけたりすることができます。アピアランス次第で動画の印象も変わるので、いろいろ試してみることをおすすめします。

Hello Spring

［背景］
テキストのうしろに四角い背景がつきます。

Hello Spring

［シャドウ］
テキストに影がつきます。

背景やシャドウはテキストの視認性が低い場合などにつけるとよいでしょう。

テキストの表示位置を変更する

テキストが画面の垂直方向中央に表示されるようにします。

① ［エッセンシャルグラフィックス］パネルの［整列と変形］にある［垂直方向に中央揃え］ボタンをクリックします❶。

② テキストが垂直方向中央に配置されました。

ここがPOINT

ドラッグ＆ドロップでも移動できる

入力したテキストはプログラムモニター上でドラッグ＆ドロップして移動できます。[選択ツール] が選択されている状態でテキストを任意の場所にドラッグしましょう。

ここがPOINT

水平方向中央に配置したいときは？

水平方向中央に配置したい場合は [整列と変形] の [水平方向に中央揃え] をクリックします。

テキストが表示される
タイミングを調整する

入力したテキストを動画のどこからどこまで表示させるのかをタイムライン上で編集します。ここでは、タイトルとして表示させたいので、冒頭の2秒間だけ表示するようにデュレーションを変更します。

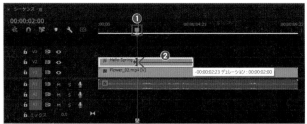

① [選択ツール] に切り替え、再生ヘッドを「00:00:02:00」の位置に移動します❶。テキストクリップの右端を再生ヘッドの位置までドラッグします❷。

できた！ 再生してみましょう。冒頭から2秒間だけ表示されるタイトルが完成しました。

もっと
知りたい！

● 動画全体でテキストの統一感を出すテクニック

フォントの種類やアピアランスといったテキストの書式は動画全体でできるだけそろえて統一感を出しましょう。テキストクリップを複製して、テキストを入力しなおせば、手間を減らせます。

① 複製したいテキストクリップを選択し❶、表示したいタイミングまで alt（ option ）キーを押しながらドラッグ＆ドロップします❷。

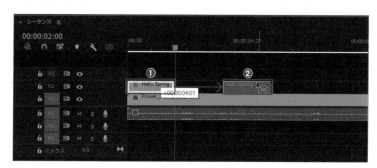

② テキストクリップが複製されます。複製したほうのクリップを選択し❸、［エッセンシャルグラフィックス］パネルでテキストレイヤーをダブルクリックしてテキストを入力しなおします❹。

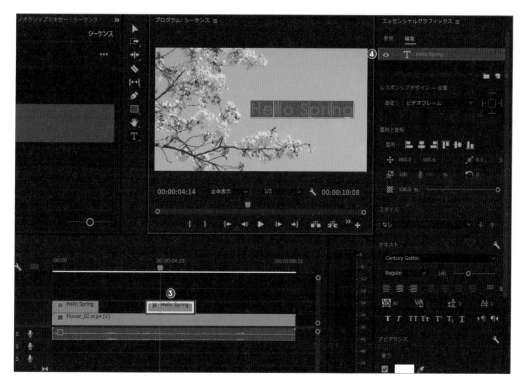

#長方形ツール #塗り #境界線

図形を挿入しよう

動画でも
チェック！

https://dekiru.net/
yprv2_315

練習用ファイル
3-15.prproj

円や四角形など図形を作成できます。ここではテキストに長方形を追加してタイトルを作成してみましょう。

Premiere Proでは、[長方形ツール]や[ペンツール]などで図形を描けます。ここではテキストの背景に[長方形ツール]を使って長方形を描きます。描いた長方形の[塗り]や[境界線]の設定方法も解説します。

図形を作成する

すでにあるグラフィッククリップに図形を追加します。

> この練習用ファイルはあらかじめテキストが作成された状態になっています。このテキストの背景に図形を描くことで、テキストの視認性が上がります。

① 練習用ファイル「3-15.prproj」を開きます。33ページの手順①を参考に、ワークスペースを[キャプションとグラフィック]に切り替え、[エッセンシャルグラフィックス]パネルを表示しておきます。

② タイムラインのグラフィッククリップを選択します❶。

③ ツールパネルの［長方形ツール］を選択し②、プログラムモニターでテキストを覆うようにドラッグします❸。新しくシェイプレイヤーが作成されました❹。

1つのグラフィッククリップの中に、複数のテキストやシェイプを作成できます。これらのテキストやシェイプは、それぞれレイヤーとして管理されています。

図形の色を設定する

長方形の色、不透明度を設定します。

① ［エッセンシャルグラフィックス］パネルの［アピアランス］にある［塗り］の四角をクリックします❶。

② ［カラーピッカー］が表示されるので、［#］の部分に「322020」と入力し❷、［OK］ボタンをクリックします❸。

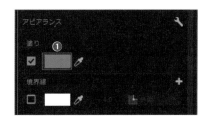

③ ［整列と変形］にある不透明度を設定します。ここでは「40.0」%に設定しました❹。

不透明度とは、「透明でない度合い」のことです。数値を小さくすると透明になっていきます。

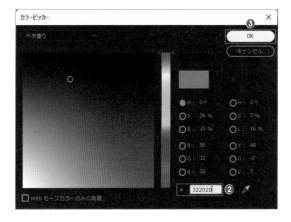

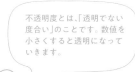

④ 長方形が半透明になりました。

長方形の位置や大きさを調整する

「Weekend Vlog」のテキストが画面の中央にある
ので、それに合わせて長方形の位置や大きさを調整
しましょう。

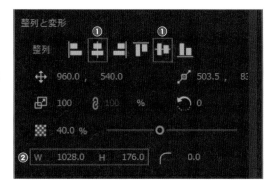

① [整列と変形] の [整列] にある [水平方向に
中央揃え] と、[垂直方向に中央揃え] をク
リックします❶。

② バランスを見ながら、[シェイプの幅][シェ
イプの高さ] も調整しましょう。
ここでは [シェイプの幅] を「1028.0」[シェ
イプの高さ] を「176.0」に設定しました❷。

③ 長方形の位置や大きさが調整できました。

境界線を追加する

同じ大きさで、不透明度100%の境界線を追加しま
す。先に作成した長方形を複製してつくります。

① シェイプレイヤーを選択した状態で❶、Ctrl
(⌘)+C キーを押してコピーし、Ctrl
(⌘)+V キーを押してペーストします。

② シェイプレイヤーが複製されました❷。

③ 複製したシェイプレイヤーの不透明度を「100.0」％❸、[塗り]のチェックを外し❹、[境界線]にチェックを入れます❺。
[境界線]の色は白❻、幅は「4.0」としました❼。

レイヤーの重なり順を変更する

タイトルテキストの重なり順が一番上になるようにレイヤーの順番を変更します。

① 「Weekend Vlog」のレイヤーをシェイプレイヤーの上にドラッグ＆ドロップします❶。

＼できた！／ テキストの背景に長方形を追加できました。

半透明の長方形を配置することで、テキストの視認性が上がりましたね。

CHAPTER 3

#音の追加 #音量調整

LESSON 16 BGMを追加しよう

動画でも
チェック！

https://dekiru.net/
yprv2_316

練習用ファイル
3-16.prproj

動画にBGMを追加してみましょう。音量の調節や動画に合わせてフェードアウトさせる方法も解説します。

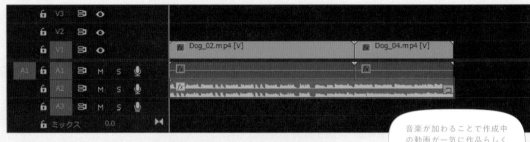

BGMはタイムラインのオーディオトラックに追加されます。追加した
BGMの音量調節やエフェクトの追加もPremiere Proで行います。

音楽が加わることで作成中
の動画が一気に作品らしく
なってくるので、とてもワク
ワクする作業です！

知りたい！

● BGMとは？

BGMとはBackground music（バックグラウンドミュージック）の略で、メインとなるコンテンツの背景に流す音楽のことです。動画の背景や、ラジオなどでナレーションのバックに流れる音楽もBGMです。BGMによって動画の雰囲気をガラッと変えることができるので、演出の1つとしてBGM選びにもこだわってみましょう。

BGMをオーディオトラックへ配置する

BGMの挿入も、基本的にはほかのクリップと同じ操作で行います。

① ［プロジェクト］パネルに読み込まれたBGMを、タイムライン上のオーディオトラック［A2］にドラッグ＆ドロップします❶。開始点は「00：00：00：00」にしましょう。
タイムラインにBGMクリップが追加されたことを確認します。

音声クリップはノコギリ型の波形で表示される

BGMの音量を調整する

［オーディオメーター］を確認しながら音量を調整する方法を解説します。［オーディオメーター］パネルは緑から赤色のグラデーションで音量を表しています。赤に近いほど音量が大きいことを示しています。ここでは、BGMのボリュームを下げてみましょう。

> 音量を調整する方法はいくつかありますが、ここでは初心者にもやりやすい方法をご紹介します！

① 動画を再生するとBGMが流れます。

② BGMクリップを右クリックし❶、［オーディオゲイン］をクリックします❷。

③ ［オーディオゲイン］ダイアログボックスが表示されます。ここでは音量を5デシベル下げてみましょう。［ゲインの調整］に「-5」と入力し❸、［OK］ボタンをクリックします❹。

> ゲインとは「入力された音の強さ」のことです。

④ 再生してオーディオパネルを確認します。音量が下がったことが確認できます。

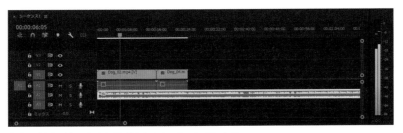

赤色の部分がなくなり音量が小さくなったことがわかる

BGMをフェードアウトさせる

BGMのクリップも、映像クリップと同じように［エフェクト］パネルからフェードアウトのエフェクトをかけてだんだんと音が小さくなって終わるように編集します。
映像クリップの長さとBGMクリップの長さをそろえてからフェードアウトをかけましょう。

もう少し！

① BGMクリップの右端を映像クリップの終点まで 左方向にドラッグします❶。

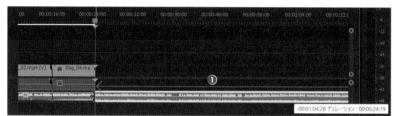

② ［エフェクト］パネルを表示して❷、［オーディオトランジション］❸→［クロスフェード］❹→［コンスタントパワー］❺をBGMの終わりの部分にドラッグ＆ドロップします❻。

できた！ BGMの終点に［コンスタントパワー］と表示されたことを確認します❼。
再生すると終点でだんだんと音が小さくなり、フェードアウトしていることがわかります。

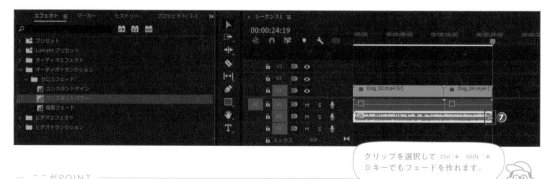

> クリップを選択して Ctrl ＋ Shift ＋
> D キーでもフェードを作れます。

ここがPOINT

右クリックでフェードアウトをかけるには？

BGMの終点にマウスポインターを合わせて右クリックし❶、［デフォルトのトランジションを適用］をクリックしても❷、フェードアウトを適用できます。

もっと
知りたい!

● **クリップの音量を自在に操りたいときは**

107ページでは［オーディオゲイン］を使って音量を調整する方法を紹介しましたが、［オーディオクリップミキサー］や［オーディオトラックミキサー］という機能を使ってBGMの音量をコントロールすることもできます。

オーディオクリップミキサー

オーディオクリップミキサーは再生ヘッドがある場所に位置するオーディオクリップのみで音量を調整できる機能です。

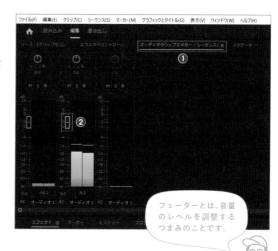

① 再生ヘッドを調整したいBGMクリップの位置に移動し、［ソースモニター］パネルにある［オーディオクリップミキサー］を選択します❶。

② フェーダー（つまみ）を上下に動かして音量を調整します❷。

> フェーダーとは、音量のレベルを調整するつまみのことです。

オーディオトラックミキサー

オーディオトラックミキサーはトラック全体の音量を調整できる機能です。1つのトラックにBGMクリップが複数ある場合、一括で音量を調節できます。

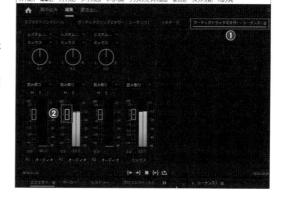

① ［ソースモニター］パネルにある［オーディオトラックミキサー］を選択します❶。

② フェーダー（つまみ）を上下に動かして音量を調整します❷。

ここがPOINT

**オーディオトラックミキサーを
表示するには？**

もしオーディオトラックミキサーが表示されていない場合は、［ウィンドウ］メニューから［オーディオトラックミキサー］を選択してパネルを表示させましょう。

> クリップミキサーで1つ1つのBGMの音量を調整し、トラックミキサーで全体の音量を調整するという役割です。

コンテンツはつくってからが勝負！

動画制作は奥が深く、魅せる動画をつくるためにさまざまな工夫が必要です。
テレビやYouTubeのテロップ1つとってみても、フォントの種類や色、アニメーション、効果音などを駆使して視聴者を飽きさせない工夫が随所に散りばめられているのがわかります。

しかし、実はコンテンツはつくっておしまいではありません。どれだけ労力をかけてつくったかではなく、つくったあとが勝負といえます。
制作したあとに、ターゲットとする人にそのコンテンツを届けられるかどうかが非常に大切なのです。時間をかけて制作した動画も、再生してもらえないと何のためにつくったのかわかりません。

自分で商品やサービスを展開していて、それらのPRをしたい、YouTubeを始めたいなど動画をつくる目的はさまざまだと思います。しかし動画をつくってアップするだけではその目的は達成できません。
YouTubeの月間アクティブユーザーは世界で20億人を超えており（世界人口の約25％に相当）、毎分膨大な量のコンテンツがアップされています。そんな中で自分の動画を再生してもらうためにはマーケティングの視点をもつことが重要です。

今の時代、動画マーケティングを考慮するうえで、SNSの活用は必須となりました。
FacebookやInstagram、Twitterをはじめさまざまなプラットフォームが存在しますが、それらを使っていかにしてポテンシャルカスタマー（見込み客）に対してコンテンツを届けるかを考えながら動画を制作していきます。
なお、上記はあくまで広告活用としての映像コンテンツの話で、YouTuberのように「チャンネル登録者を増やしたい」という考えについては別のロジックが存在します。

たとえば動画をつくる際に「どこでどう発信するのか」などをあらかじめ検討しておくことで、発信する場所に最適な尺の長さはどれくらいなのか、どうやったら動画の最初で視聴者を引きつけられるのかなど具体的な戦略を練られるようになっていきます。
動画のタイトルのつけ方、サムネイル選びなども重要です。タイトルに検索されやすいワードを盛り込むことはもちろん、視聴者が気になるタイトル、サムネイルとはどういったものが多いのか、視聴者目線で日ごろから研究することが大切です。

コンテンツ自体のクオリティは当然大事ですが、それに加えてどのようにターゲットにそのコンテンツを届けるか。そのことを忘れずに、動画編集を行いましょう。

さらにレベルアップするためには、こういったことも意識しながら制作に臨んでみましょう。

CHAPTER
4

アニメーションやエフェクトを
使いこなす

この章では
動画のクオリティを上げるテクニックや便利な機能などを学びます。
新しく追加された「文字起こしベースの編集」や、
アニメーションのつくり方、カラー調整など、
一歩進んだ動画編集テクニックを身につけましょう。

#キーフレーム #アニメーション

アニメーションの
基本を知ろう

Premiere Proでは、テキストや図形などさまざまな素材にアニメーション（動き）をつけること
ができます。まずはアニメーションについて解説します。

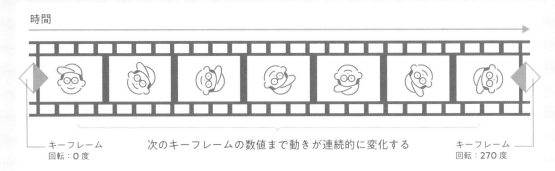
時間

キーフレーム　　　　　次のキーフレームの数値まで動きが連続的に変化する　　　キーフレーム
回転：0度　　　　　　　　　　　　　　　　　　　　　　　　　　　　　　　　　回転：270度

回転のアニメーションの例。オブジェクトを7フレームを使って270
度回転させる

アニメーションとは？

Premiere Proでは、テキストや図形などのグラフィックやエフェクトなどのクリップ
に対してアニメーション（動き）をつけることができます。たとえば再生中にテキスト
が表示される位置を移動したり、大きさを変えたり、回転したり、といったことのほか、
テキストの見た目を変えることもできます。

Premiere Proでよく使う主なアニメーション機能

名称	アニメーション効果
位置	クリップの位置を動かす
スケール	クリップの大きさを変化させる
不透明度	クリップの透明度を変化させる
回転	クリップを回転させる

アニメーションを設定するには？

アニメーションを設定するには、その対象となる素材を選び、動きの開始時間と終了時
間など起点となるポイントを設定し、そのポイントごとに位置や大きさなどを決めて
いきます。このポイントのことを「キーフレーム」といいます。位置や大きさなど動き
の種類ごとにキーフレームを設定することで、アニメーションを実現します。

CHAPTER 4

#キーフレーム #スケールのアニメーション

LESSON 2

徐々に大きさが変化する タイトルをつくろう

動画でも チェック！

https://dekiru.net/ yprv2_402

練習用ファイル
4-2.prproj

ここでは、大きさを変化させる「スケール」というアニメーションを解説します。タイトルのテキストを徐々に大きくしてみましょう。

タイトルの文字が徐々に大きくなるアニメーションをつけます。タイトルの文字にアニメーションをつけることで視聴者の目線をコントロールし、動画に惹きつける効果を演出できます。ここでは、100％のサイズから120％まで大きくしてみましょう。

> このレッスンでは［スケール］というアニメーションを使います。それぞれのアニメーションの仕組みをまず理解しておきましょう。

知りたい！

● 「スケール」アニメーションで大きさを変えよう

スケールは大きさを変化させるアニメーションです。キーフレームで指定したタイミングやサイズに従って変化します。

時間

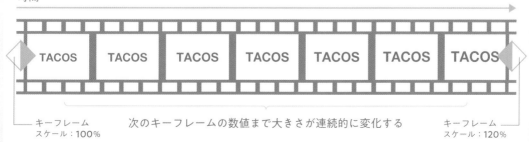

| TACOS | TACOS | TACOS | TACOS | TACOS | TACOS | TACOS |

キーフレーム
スケール：100％

次のキーフレームの数値まで大きさが連続的に変化する

キーフレーム
スケール：120％

対象となるクリップを選択する

アニメーションの設定は、タイムライン上で対象となるクリップを選択してから行います。また、再生ヘッドの位置にキーフレームが設定されるため、あらかじめ開始したい位置に再生ヘッドを移動しておきましょう。

① 練習用ファイル「4-2.prproj」を開き、ワークスペースを[キャプションとグラフィック]に切り替えます❶。タイムラインに配置されたテキストクリップをクリックし❷、再生ヘッドをテキストクリップの先頭に移動します❸。

ワークスペースの切り替え ➡ 33ページ

┌─ ここがPOINT ─────────
クリップの端にすばやく移動するには

再生ヘッドをクリップの先頭に移動するには↑キー、終わりに移動するには↓キーを押します。
└────────────────────

アニメーションを選び、開始時の設定を行う

アニメーションの種類を選びます。ここでは大きさを変化させる「スケール」を選択します。また、アニメーションが開始するときの大きさを「100%」にします。

① [エフェクトコントロール]パネルをクリックします❶。

② [ベクトルモーション]の[>]をクリックし❷、[スケール]のストップウォッチのアイコン(◎)をクリックします❸。

> エフェクトの項目は、先頭のマークの向きが[>]だと畳まれている状態です。[>]をクリックすると項目が開きます。そのため操作手順で「○○を開きます」とあるときは[>]をクリックするという意味です。

③ すると、右の画面の再生ヘッドの位置にキーフレームが表示されます❹。スケールの数値が「100.0」になっていることを確認します❺。

スケールの初期状態の数値「100.0」は、100%の大きさであることを表しています。

― ここがPOINT ―

ベクトルモーションとは？

図形が持つ、向きや大きさといった情報のことをベクトルデータといいます。ベクトルデータを持つ図形は、拡大縮小しても画像が粗くならないという特徴があります。Premiere Proで描画した図形やテキストはベクトルデータなので、ベクトルモーションを使うと綺麗な状態のまま動かすことができます。

― ここがPOINT ―

再生ヘッドは連動している

[エフェクトコントロール]パネルの再生ヘッドとタイムラインの再生ヘッドは連動しています。どちらを移動させてもよいですが、[エフェクトコントロール]パネルの再生ヘッドは選択中のクリップのイン点からアウト点までしか移動できないので、注意しましょう。

アニメーション終了時のスケールを設定する

アニメーションが終わるタイミングと大きさを設定します。再生ヘッドをアウト点に移動し、その位置にキーフレームを追加しましょう。大きさは「120%」にします。

① 再生ヘッドをアウト点まで移動し❶、スケールの数値を「120」と入力して❷、Enterキーを押します。

② キーフレームが追加されました❸。

ここで設定したスケールの数値は例なので、自由に設定して効果を試してみましょう。
キーフレームは2点作成しましたが、より細かくアニメーションの動きを指定したい場合など、必要に応じて複数作成できます。キーフレームは再生ヘッドの位置に作成されるので、任意の場所で数値を入力してみてください。

＼できた！／ 再生して動きを確認してみましょう。テキストが徐々に大きく
なっていくアニメーションができました。

スケール：100%　　　　　　　　　　　　　スケール：120%

クリップの大きさも変更できる

このレッスンで説明した［スケール］の数値を変更することで、
クリップそのものの大きさも変更できます。たとえばフルHD
（1,920×1,080）に設定されたシーケンスに4Kのクリップを追
加する場合、タイムラインで4Kのクリップを選択して［スケー
ル］の数値を50％にすると、フルHDのサイズとそろいます。

＼もっと／
知りたい！

● キーフレームはあとから移動できる

このレッスンでは再生ヘッドを先に移動して、その位置にキーフレームを作成しました。アニ
メーションを設定したい位置が決まっていればこのやり方で問題ありませんが、いろいろ位
置を試してみたいこともあるでしょう。そういう場合は、先に適当な位置にキーフレームを作
成し、キーフレームをドラッグしながら位置を決めるとよいでしょう。

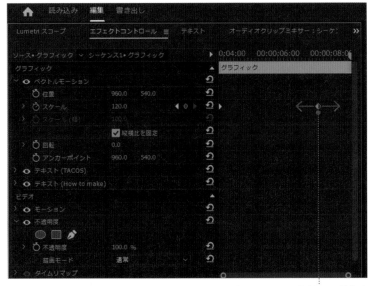

キーフレームをドラッグする

CHAPTER 4

#キーフレーム #不透明度のアニメーション

LESSON 3

タイトルにフェードイン／フェードアウトの効果をつけよう

動画でもチェック！
https://dekiru.net/yprv2_403

練習用ファイル
4-3.prproj

フェードインとフェードアウトの効果は、テキストにもつけることができます。ここではキーフレームを使ってテキストが徐々に表れ、徐々に消えるようにしてみましょう。

タイトルの文字がフェードイン／フェードアウトするアニメーションをつけます。キーフレームを使って不透明度に変化をつけることで、表現していきます。

> タイトルがふんわりと現れて、消えていく表現は映画などでもよく見かけます。

知りたい！

● 不透明度のアニメーションで透過度を変えよう

クリップの透過度を変化させるアニメーションです。キーフレームで指定したタイミングや透過度に従って変化します。

時間

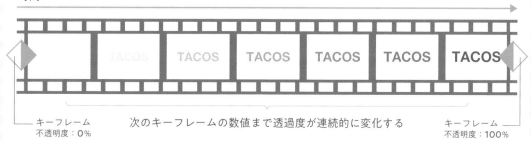

キーフレーム 不透明度：0%	次のキーフレームの数値まで透過度が連続的に変化する	キーフレーム 不透明度：100%

フェードインの開始点を設定する

フェードインは、[エフェクトコントロール]パネルの[不透明度]を0%から100%に動かすことで表現します。まずはフェードインの開始点を設定しましょう。

① 練習用ファイル「4-3.prproj」を開き、タイムラインのテキストクリップを選択し❶、再生ヘッドをそのテキストクリップの先頭に移動しておきます❷。

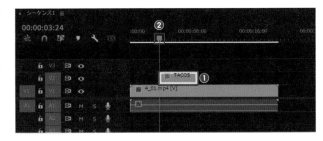

② [エフェクトコントロール]パネルにある[不透明度]を開きます❸。ストップウォッチのアイコン（🕑）をクリックし❹、[不透明度]の数値に「0」と入力します❺。

③ 不透明度が0%のキーフレームが作成されました❻。

> [不透明度]は、0%が完全な透明で、数値が100%に近づくほど透明度が下がり、見えるようになります。

フェードインの終了点を設定する

続いてフェードインの終了点を設定します。テキストクリップのイン点から20フレームめで[不透明度]が100%になるようにキーフレームを追加しましょう。

① 0%のキーフレームから20フレーム右に再生ヘッドを移動し❶、[不透明度]の数値に「100」と入力します❷。

― ここがPOINT ―

再生ヘッドはキー操作で動かす

再生ヘッドの移動は頻繁に行う操作です。また、細かくフレームを指定する必要があるため、マウス操作よりもキー操作がおすすめです。再生ヘッドは←/→キーで1フレームずつ移動できるほか、Shift+←/→キーで5フレームずつ移動できます。20フレーム右に移動させる場合はShiftキーを押しながら→を4回押しましょう。

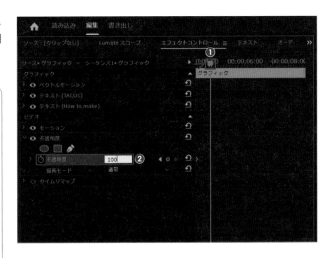

フェードアウトを設定する

フェードアウトも、設定方法はフェードインと同じです。不透明度の数値がフェードアウトの開始点から終了点までで100%から0%になるようにキーフレームを設定しましょう。

① 再生ヘッドをテキストクリップのアウト点に移動します❶。[不透明度]の数値に「0」と入力します❷。

② 再生ヘッドを終了点から20フレーム左へ遡って❸、[不透明度]の数値に「100」と入力します❹。

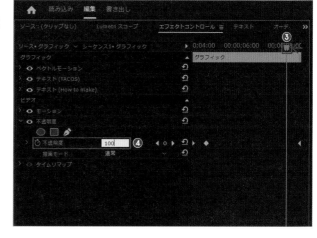

終了点から先に設定しているのは、「クリップの終点＝フェードアウトの終了点」で、再生ヘッドを移動しやすいからです。

＼できた！／ 再生して確かめてみましょう。タイトルの開始点でフェードインして、終了点でフェードアウトするアニメーションができました。

このレッスンではキーフレームでフェードイン、フェードアウトをつける方法を紹介しましたが、79ページのようにテキストクリップにクロスディゾルブをドラッグして挿入する方法でもフェードイン、フェードアウトは表現できます。

#トラックマットキー #スケールのアニメーション

図形と組み合わせて 動きのあるタイトルをつくろう

動画でも チェック!

https://dekiru.net/ yprv2_404

このレッスンではトラックマットキーというエフェクトを使用して、シェイプをテキストで切り抜く表現を紹介します。

練習用ファイル
4-4.prproj

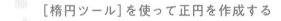

ここではタイトルのグラフィックを作成します。テキストで切り抜かれた正円が画面いっぱいに表示されてから、小さくなっていくアニメーションを作成しましょう。

> シェイプの形や色、またクリップの画の雰囲気などでお洒落に表現することができます!

[楕円ツール]を使って正円を作成する

① 練習用ファイル「4-4.prproj」を開き、ワークスペースを[キャプションとグラフィック]に切り替えておきます。[ツール]パネルから[楕円ツール]を選択して❶、プログラムモニター上で Shift キーを押しながらドラッグします❷。

> Shift キーを押しながらドラッグすると、正円が描けます。円の大きさは左の画面を参考にしましょう。

② タイムラインにグラフィッククリップが作成されたことを確認します❸。

③ ［エッセンシャルグラフィックス］パネルの［シェイプ01］（正円）をクリックして❹、［水平方向に中央揃え］ボタン❺、［垂直方向に中央揃え］ボタン❻をクリックして、正円を中央に配置します。

> ［エッセンシャルグラフィックス］パネルが表示されていない場合は、［ウィンドウ］メニューから選択して表示させましょう。

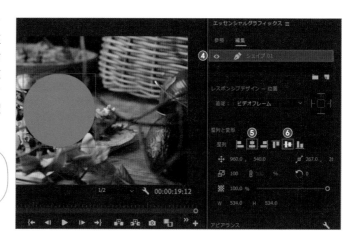

テキストを入力する

図形のクリップとは別にテキストを入力してテキストクリップを作成していきます。

① タイムラインの何もないところをクリックして❶、グラフィッククリップの選択を解除します。

> 選択した状態のままテキストを入力すると、図形と同じクリップの中にテキストが入力されてしまいます。

② ［横書き文字ツール］を選択して❷、プログラムモニターをクリックします❸。新しいグラフィッククリップが作成されました❹。

③ 「HOW TO MAKE」、「TACOS」とレイヤーを分けて入力します。ここでは例として、フォントの種類は「Nim bus Sans Bold」、サイズはそれぞれ「100」と「270」に設定しています。「TACOS」を中央に、「HOW TO MAKE」をその少し上に配置します。

[トラッキング]も適宜設定しましょう。ここでは「TACOS」は「145」に、「HOW TO MAKE」は「50」に設定しました。

正円にスケールのアニメーションを設定する

円が現れ、画面いっぱいに広がったあと小さくなり消えるまでのアニメーションを作成します。イン点から1秒かけて[スケール]が0%から450%になるようにキーフレームを追加しましょう。

① [V2]トラックのグラフィッククリップを選択し❶、再生ヘッドを先頭へ移動します。

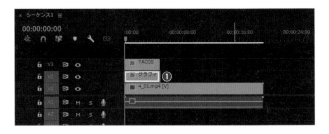

② 114〜115ページを参考に[ベクトルモーション]にある[スケール]のキーフレームを作成します。イン点に0%❷、1秒後に450%のキーフレームを追加しましょう❸。

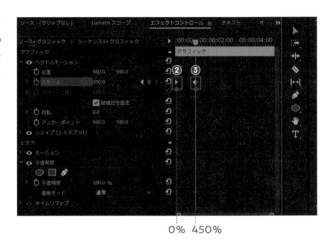

1秒(30フレーム)後に450%でキーフレームを打ってみて、まだ画面いっぱいに表示されない場合、460%、500%……と倍率を上げてみましょう。

③ 終わり部分にもだんだんと円が小さ
くなるアニメーションをつけます。
グラフィッククリップのアウト点に
スケールのキーフレームを追加し❹、
大きさを0%に、そこから1秒遡った
位置にもスケールのキーフレームを
追加し❺、大きさを450%にします。

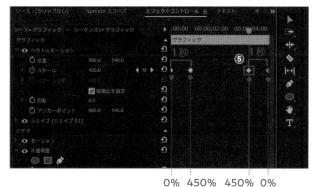

— ここがPOINT —

キーフレームはコピペできる

同じ数値の場合、数値入力をせずコピー
＆ペーストでもキーフレームが打てま
す。コピーしたいキーフレームを選択し
ctrl + C キーを押し、ペースト（貼り付
け）したい位置に再生ヘッドを移動し、
ctrl + V キーを押します。

0%　450%　450%　0%

④ 編集が終わったら動画を再生してみましょう。円が徐々に大きくなり、画面いっ
ぱいに広がったあと小さくなっていくアニメーションが完成しました。

正円をテキストで切り抜く

［トラックマットキー］エフェクトを適用して、前の手順で作成したシェイプをタイト
ルのテキストで切り抜いていきます。

① ［エフェクト］パネルを開き❶、［ビデオエフェクト］→［キーイング］の［トラッ
クマットキー］をグラフィッククリップにドラッグ＆ドロップします❷。

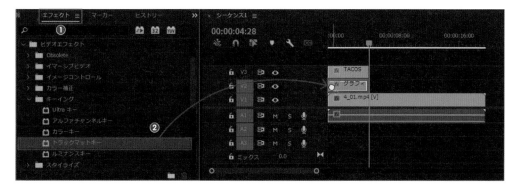

② ［エフェクトコントロール］パネル
で、［トラックマットキー］の［マッ
ト：］を［ビデオ3］❸、［反転］にチェッ
クを入れる❹とタイトルが切り抜か
れたアニメーションが作成されま
す。

 ［マット：］は対象のクリップがあ
るトラックを選択します。ここで
はテキストクリップがV3にある
ので［ビデオ3］を選択しています。

再生してタイトルが切り抜かれたこ
とを確認します。

③ 円の色は［エッセンシャルグラ
フィックス］パネル内で、［シェイプ
01］を選択し❺、［アピアランス］の
［塗り］から好きな色に変更してみ
ましょう。タイトルの視認性を高め
るためにここではホワイトにしまし
た❻。

＼できた！／ トラックマットキーを使ったお洒落なタイトルの完成です。

CHAPTER 4

LESSON 5

#ブラシアニメーション

手書き風のタイトルを
つくろう

動画でもチェック！

https://dekiru.net/yprv2_405

練習用ファイル
4-5.prproj

ブラシアニメーションというエフェクトを使用した、文字が手で書いているかのように現れるタイトルのつくり方を紹介します。

ブラシアニメーションを使って、「TACOS」のタイトルを
手で書いているように一筆ずつ表示していきます。

フォントを変えれば「かっこいい」雰囲気も「可愛い」雰囲気もできる便利な表現方法です！

２つのテキストを別々のクリップに分ける

このレッスンでは「TACOS」のテキストだけにエフェクトをかけたいので、1つのクリップ内にある「HOW TO MAKE」と「TACOS」のレイヤーを別のクリップに分けます。

① 練習用ファイル「4-5.prproj」を開きます。タイムラインのテキストクリップを選択し、 alt （ option ）キーを押しながら、[V3]トラックにドラッグ＆ドロップして複製します❶。

② 複製したテキストクリップを選択し②、[エッセンシャルグラフィックス]パネル内にある「HOW TO MAKE」のテキストレイヤーをクリックして delete キーを押します③。

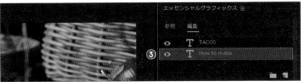

③ 次に[V2]トラックのテキストクリップを選択して④、[エッセンシャルグラフィックス]パネル内にある「TACOS」のテキストレイヤーをクリックし、 delete キーを押します⑤。

これで「HOW TO MAKE」と「TACOS」がそれぞれ別のクリップに分けられました。

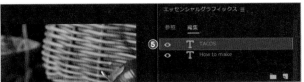

[ブラシアニメーション]エフェクトを適用し、
ブラシの設定をする

ブラシアニメーションとは、ブラシ（筆）でなぞった部分にアニメーションが現れるエフェクトです。ブラシアニメーションを設定するには、まずアニメーションを適用したいクリップを指定してから、ブラシの太さや色を設定し、画面上をなぞります。ここでは、「TACOS」のテキストを上からなぞっていくので、ブラシはフォントより一回り太くして、色も視認性の高い赤色に設定しましょう。

① [エフェクト]パネルを表示します①。[ビデオエフェクト]→[旧バージョン]にある[ブラシアニメーション]をドラッグして②、「TACOS」のテキストクリップにドロップします。

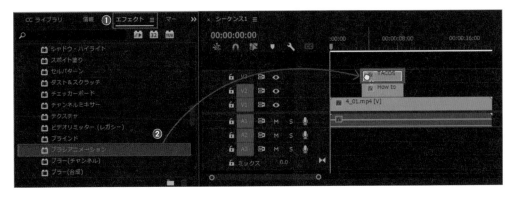

② [エフェクトコントロール]パネル
を表示し❸、[ブラシアニメーショ
ン]❹の項目❺を次のように設定し
ます。

カラー……「赤色」
ブラシのサイズ……「40.0」
ブラシの硬さ……「90」%
ブラシの不透明度……「100.0」%
ストロークの長さ……「10.0」
ブラシの間隔……「0.001」

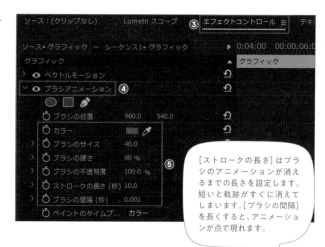

> [ストロークの長さ]はブラ
> シのアニメーションが消え
> るまでの長さを設定します。
> 短いと軌跡がすぐに消えて
> しまいます。[ブラシの間隔]
> を長くすると、アニメーショ
> ンが点で現れます。

アニメーションの開始点を設定する

テキストを書き順でなぞっていき、アニメーションを作成します。ブラシの動きごとに
キーフレームを打って、動きを設定していきましょう。ここでは、ブラシの位置を1フ
レームごとに設定します。

① 再生ヘッドをテキストクリップのイ
ン点に移動します❶。[プログラム]
モニターにブラシ●が表示されてい
ることを確認します❷。

[ブラシアニメーション]をクリッ
クし❸、プログラムモニター上で、ブ
ラシをTACOSのTの書き始めの位
置にドラッグして移動します❹。

> プログラムモニター上でブラシを移動
> するときは、必ず[ブラシアニメーショ
> ン]をクリックしてからにしましょう。
> この操作をしないでドラッグすると
> 誤ってテキストを移動してしまいます。

② ［ブラシの位置］のストップウォッチのアイコン（🕐）をクリックします❺。
キーフレームが作成されたことを確認します❻。

アニメーションの軌跡を設定する

「1フレーム進んだ位置にブラシを移動してキーフレームを設定する」という作業を繰り返して、アニメーションの軌跡を設定します。

① →キーを押します。1フレーム進んだことを確認して、［ブラシアニメーション］をクリックし❶、ブラシの位置をTの真ん中（画像参照）くらいまで移動します❷。

② 前の手順と同様に、1フレーム進めて、ブラシの位置をTの横棒の右端へ移動します❸。

③ 手順①～②を繰り返して、一筆書きの要領でTACOSの文字をなぞっていきます。

> 移動する距離は、なるべく短く、同じくらいにすると動きがスムーズになります。TACOSこんな感じで一筆書きでなぞります。

--- ここがPOINT ---

プログラムモニターの表示サイズ

画面が細かくて作業がしにくい場合は、プログラムモニターの下にある［全体表示］をクリックして、150%や200%に拡大すると作業しやすくなります。

ハンドル操作

文字がカーブしている場合はブラシもカーブさせてなぞる必要があります。
ブラシを移動した位置の前後にハンドルつきのポインターが表示されるので❹、
ハンドルをドラッグすると❺、ドラッグした方向にカーブします。

> 文字を完全に覆うよう
> にしてなぞっていきま
> す。なぞり残しがない
> ように注意しましょう。

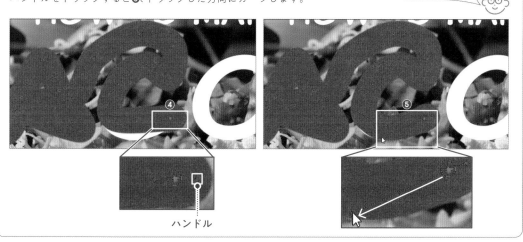

ハンドル

④　なぞり終わりました。キーフレームは1フレーム間隔で打ったので帯のように
なっています❻。

アニメーションを確認する

あと少し！
①　[エフェクトコントロール]パネルの[ペイントスタイル]❶の[元のイメージ]
をクリックして❷、[元のイメージを表示]を選択します❸。

②　再生ヘッドをドラッグすると❹、なぞった通りにテキストが表示されていきます。

アニメーションを修正する

ブラシがTACOSの文字をうまくなぞれていない場合は、右の画像のように文字が欠けた状態になります。この場合は[ペイントスタイル]を[元のイメージ]に戻し、欠けた位置のポイントを修正していきましょう。

①　前のページの手順①を参考に[ペイントスタイル]を[元のイメージ]にします。

Sの右下の曲線が欠けている

②　ポインターやハンドルを移動して❶、欠けていた部分を覆います。

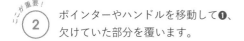

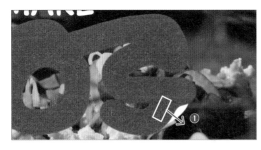

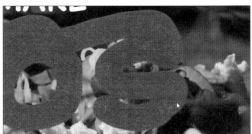

できた！　再生し、文字の欠けなどがなくなれば完成です。

CHAPTER 4
LESSON 6

#クリップ速度 #スローモーション #早送り

クリップ速度を変更して印象的なシーンをつくろう

動画でもチェック！

https://dekiru.net/
yprv2_406

練習用ファイル
4-6.prproj

映像は展開の緩急をつけることでとてもダイナミックになります。そこで今回は、クリップの速度を変更してスローモーションの動画を作成します。

ここではクリップ全体の速度を［速度・デュレーション］という機能を使って遅くしていきます。ゆっくり流れる印象的なシーンを演出してみましょう。

知りたい！

● 動画の速度は何のために変更するの？

動画の速度を変更することで、動画の印象を操作できます。

スローモーションは、肉眼ではとらえきれない瞬間を引き延ばすことで、その瞬間の細部の動きの1つ1つが視認できるようになります。スポーツの判定映像などでもよく目にするほか、優雅さや、やさしさ、重厚さといった印象を与えられるため、動画をドラマティックに見せる演出の方法としてもよく用いられます。

早送りは、単調な映像が続く場合に、視聴者を飽きさせないためや、スピード感やコミカルさを演出したい場合などによく用いられます。作業風景を映した動画なども早送りにすることで、一瞬で終わったような印象になります。

映像はスピード感（テンポ）だけではなくサウンドエフェクトやBGM、カラーなどさまざまな要因を組み合わせることで、なるべく視聴者の関心を維持させようと工夫されています。まずはスピードをコントロールして表現をするとどうなるか体験してみましょう！！

スローモーションの設定をする

［速度・デュレーション］からクリップの速度を変更していきます。ここでは通常の1/2の速度に設定します。

① 練習用ファイル「4-6.prproj」を開きます。タイムラインのクリップを右クリックして❶、［速度・デュレーション］をクリックします❷。

デュレーションとはクリップの長さのことですね。

② ［クリップ速度・デュレーション］ダイアログボックスが開くので、［速度］に「50」％と入力し❸、［OK］ボタンをクリックします❹。

― ここがPOINT ―

速度は％で設定する

速度は％で表示されます。もとの速度を100％として、半分の速度にしたい場合は50％、2倍の速度にしたい場合は200％、などに設定します。

\できた！/ 設定が終わったら、動画を再生してみましょう。速度が1/2になったことで、スローモーションで再生されます。また、速度が1/2になったことでデュレーションは2倍になりました。タイムラインのクリップの長さも2倍になっていることがわかります。

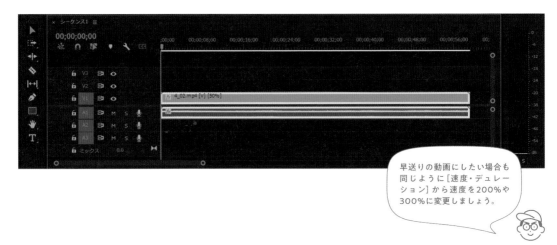

早送りの動画にしたい場合も同じように［速度・デュレーション］から速度を200％や300％に変更しましょう。

LESSON
7

#タイムリマップ #速度キーフレーム

スピードに緩急をつけて
メリハリのあるシーンをつくろう

動画でも
チェック！

https://dekiru.net/
yprv2_407

練習用ファイル
4-7.prproj

映像展開の緩急をつけることでとてもダイナミックになります。そこで今回は「タイムリマップ」というスピードに緩急をつける方法を紹介します。

タイムリマップを使って動画の一部分だけをスピードアップさせます。
急激な速度変更にならないようにキーフレームを使って調整していきます。

タイムリマップでは、動画とリンクした音声クリップは変化しません。

［タイムリマップ］をオンにする

タイムリマップは、クリップ内の指定した範囲の再生速度を変更する機能です。範囲を指定するには速度キーフレームを設定し、速度キーフレームを設定した位置ごとに速度を指定できます。

① 練習用ファイル「4-7.prproj」を開きます。［Dog_01.mp4］の［fx］を右クリックして❶、［タイムリマップ］→［速度］を選択します❷。

② クリップに白い帯❸と黒いラインが
表示されます❹。

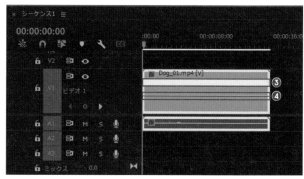

黒いラインのことを
「ラバーバンド」と
いいます。

タイムリマップの範囲を指定する

黒いラインは、速度をリニア（線状）に表しています。このライン上に速度キーフレーム
を設定し、その速度キーフレームを起点に速度を設定します。ここでは、「00:00:04:00」
の位置に速度キーフレームを設定します。設定した速度キーフレームは白い帯上に表
示されます。

① 「00:00:04:00」の位置に再生ヘッド
を移動します❶。

位置を決めるときは、プレ
ビュー機能を使って確認
するとよいでしょう。

② ［ツール］パネルから［ペンツール］
を選択します❷。黒いライン上にマ
ウスポインターを合わせると、ペン
ツールのアイコンに＋が表示される
ので、この状態でクリックすると速
度キーフレームを設定できます。こ
こでは再生ヘッドの位置の黒いライ
ンをクリックします❸。

③ 速度キーフレームが追加されました
❹。

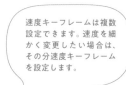

速度キーフレームは複数
設定できます。速度を細
かく変更したい場合は、
その分速度キーフレーム
を設定します。

タイムリマップの速度を変更する

速度キーフレームを設定した位置を起点に、黒いラインを上下にドラッグすることで
速度を変更できます。上にドラッグすると速く、下にドラッグすると遅くなります。速
度は、黒いラインのもとの位置を100としてパーセンテージで指定します。ここでは、
速度キーフレームより前の速度を300％にしてみましょう。

(1) ［選択ツール］を選択し❶、速
度キーフレームより左側の黒
いラインを上にドラッグしま
す❷。

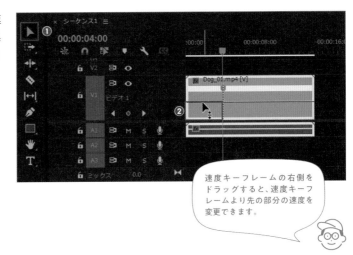

速度キーフレームの右側を
ドラッグすると、速度キーフ
レームより先の部分の速度を
変更できます。

(2) 速度が300％のところでド
ロップします❸。

ドラッグの動きに合わせて、速度
キーフレームの位置も動きます。こ
れは、速度キーフレームを設定した
フレームが速度の変更に追従して
いるためです。

300％＝3倍の速度

(3) 再生してみましょう。最初の
部分がスピードアップしたこ
とがわかります。

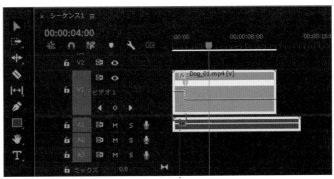

速度が3倍になっている

速度の変化をゆるやかにする

ここまでの手順では、300%の速度から速度キーフレームの位置で急に100%に戻ります。これでは不自然なので、ゆるやかに速度が変化するように調整しましょう。

> 印象的な映像にするためには緩急が大事ですが、さらにゆるやかな緩急をつけることで出来栄えが変わってきます。変化が直線的すぎるアニメーションは動きがあまりに機械的すぎてしまいます。この細やかな調整が初心者とプロの大きな違いともいえるでしょう！

1 速度キーフレームにマウスポインターを合わせます**❶**。

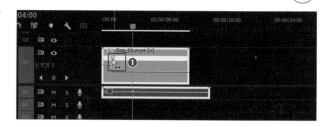

2 マウスポインターが両端矢印がついた形状に変わったことを確認し、右方向にドラッグします**❷**。

> ドラッグする範囲が長いほど傾斜が伸びて、変化がゆるやかになります。

3 斜めになった黒いラインの真ん中にはハンドルが表示されます**❸**。このハンドルをドラッグすると、ラインが弧を描き、よりゆるやかに速度を変化させることができます。

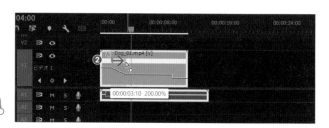

4 ハンドルの上端の●を左にドラッグして倒します**❹**。
ハンドルを倒すことで黒いラインが曲線になり**❺**、速度の変化がゆるやかになります。

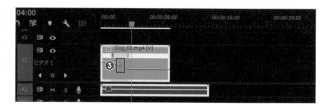

できた！ 音声もクリップに合わせて［レーザーツール］でカットしたら完成です。再生してみると速い速度からゆるやかに通常の速度に戻っていることが確認できます。

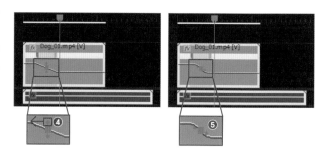

CHAPTER 4

LESSON 8

#タイムリマップ #トランジション #ブラー

スピード感のある
トランジションをつくろう

タイムリマップとブラーを使って、スピード感のあるシーンの切り替えを演出します。

動画でもチェック！

https://dekiru.net/yprv2_408

練習用ファイル
4-8.prproj

レッスン7で解説したタイムリマップはシーンの切り替えにも活躍します。このレッスンではタイムリマップにプラスしてブラーという機能を使って、視覚的にもスピード感のあるトランジションを作成していきます。

テンポの速いコンテンツをつくりたいときなどに役立つ便利なトランジションです！

知りたい！

● ブラーとは？

Blur（ブラー）は日本語で「ぼやける」、「にじませる」という意味です。

動画編集でも、この効果をあえてつけることで、背景や被写体をぼかしたり、ピントがずれたような印象を与えることができます。スピード感を出すための効果として用いられることもよくあります。たとえば自分の顔の前に人差し指を出して、左右にすばやく何回も振ってみてください。人の目は残像もとらえるため、指はぼやけたように見えます。人間の目の見え方と同じように、映像にもブラーを加えることで、リアルなスピード感が表現できます。

137

調整レイヤーを作成する

調整レイヤーとは、同じエフェクトを複数のクリップに適用できるレイヤーのことです。

① 練習用ファイル「4-8.prproj」を開きます。[プロジェクト]パネル右下の[新規項目]ボタンをクリックして❶、[調整レイヤー]を選択します❷。

② [調整レイヤー]ダイアログボックスが表示されます。[OK]ボタンをクリックし❸、[プロジェクト]パネルに[調整レイヤー]が追加されたことを確認します❹。

調整レイヤーをクリップに適用する

調整レイヤーは、適用したいクリップの上のトラックに配置します。ここではシーンの切り替え部分にエフェクトを適用したいので、2つのクリップをまたぐように配置します。また、タイムリマップをかけたタイミングと合わせて調整レイヤーをカットします。

① [プロジェクト]パネルの[調整レイヤー]をドラッグして❶、[V2]トラックにドロップします❷。

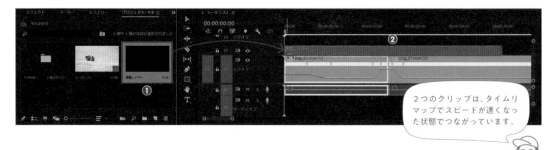

> 2つのクリップは、タイムリマップでスピードが速くなった状態でつながっています。

② 調整レイヤーが追加されました❸。

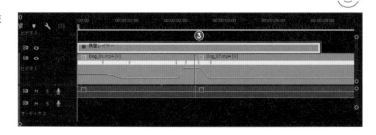

③ [調整レイヤー]を図のようにカットします。

[Dog_01.mp4]から[Dog_07.mp4]に切り替わる前後に設定されたタイムリマップ部分を覆うように、調整レイヤーのデュレーションを変更するのがポイントです。

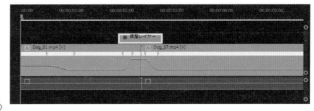

調整レイヤーにブラーを適用する

① [エフェクト]パネルを表示し❶、[ビデオエフェクト]→[ブラー＆シャープ]→[ブラー（方向）]❷を[調整レイヤー]へドラッグ＆ドロップします❸。

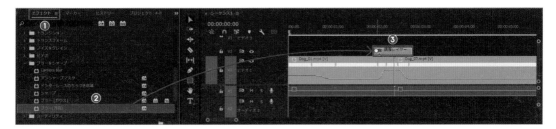

② [エフェクトコントロール]パネルを表示し❹、[ブラー（方向）]の[方向]を「90.0°」❺、[ブラーの長さ]を「15.0」にします❻。

再生すると横方向に移動しているような感じのブラーが適用されたことが確認できます。

よりぼかしたいときは、[ブラーの長さ]の数値を大きくしてみましょう。

方向：90°
ブラーの長さ：15

ブラーの長さのキーフレームを作成する

タイムリマップに合わせて、[ブラーの長さ]にも緩急をつけていきます。

① タイムラインで[調整レイヤー]を選択します❶。

② 再生ヘッドを、[Dog_01.mp4]右端の速度キーフレームまで移動します❷。

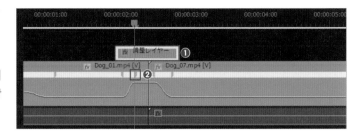

③ [エフェクトコントロール]パネルで、[ブラーの長さ]のストップウォッチのアイコン(⏱)をクリックします❸。キーフレームが作成されたことを確認します❹。

④ 再生ヘッドを[Dog_07.mp4]左端の速度キーフレームまで移動します❺。

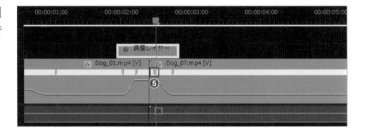

⑤ [エフェクトコントロール]パネルで、[ブラーの長さ]の[キーフレームの追加/削除]をクリックし❻、キーフレームを追加します❼。

もうちょっと！
（6）[Dog_01.mp4]の左から3つ目の速度キーフレームの位置に再生ヘッドを移動
し❽、[ブラーの長さ]を「0.0」にします❾。

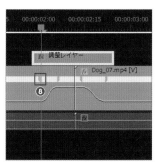
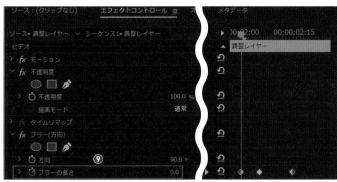

（7）[Dog_07.mp4]の左から2つ目の速度キーフレームの位置に再生ヘッドを移動
し❿、[ブラーの長さ]を「0.0」にします⓫。
ここまでの操作で[ブラーの長さ]のキーフレームが、タイムリマップの4つの
速度キーフレームそれぞれに「0」「15」「15」「0」と追加されたことを確認しま
しょう。

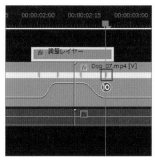

「0」「15」　「15」「0」

できた！　動画を再生するとタイムリマップで加速しているときにブラーが一緒に
かかってスピード感のあるトランジションになりました。

CHAPTER 4

LESSON
9

#ワープスタビライザー

動画の手振れを補正しよう

撮影時に手振れで乱れてしまった動画を、なめらかな状態に補正する方法を紹介します。

動画でも
チェック!

https://dekiru.net/
yprv2_409

練習用ファイル
4-9.prproj

ワープスタビライザーという機能を使って
動画の手振れを補正していきます。

最近のスマホやデジタル一眼レフカメラには、ボディ内手振れ補正（スタビライザー）機能がついているものも多くなっています。そのため手振れもだいぶ軽減されますが、それでも手振れしてしまう場合があります。今回使用する動画素材も手もとの揺れが伝わり、乱れてしまっています。

［ワープスタビライザー］をクリップに適用する

手振れを補正するには、［ワープスタビライザー］というエフェクトを使います。あらかじめクリップを再生し、動画がぶれているのを確認したうえで、以下の操作でエフェクトを適用します。

① 練習用ファイル「4-9.prproj」を開きます。［エフェクト］パネルを表示し❶、［ビデオエフェクト］→［ディストーション］の［ワープスタビライザー］をクリップにドラッグ＆ドロップします❷。

② 「バックグラウンドで分析中」と表示されたことを確認します❸。しばらくすると「スタビライズしています」と表示されます❹。

> 「分析」は手振れしているかどうかのチェック、「スタビライズ」は解析された手振れ箇所を直している、という意味です。

＼できた！／ 再生してみましょう。手振れが軽減され、動きがなめらかになったことがわかります。

（もっと）
＼知りたい！／

●［ワープスタビライザー］を使いこなそう

［エフェクトコントロール］パネルの［ワープスタビライザー］を開くと、さまざまな設定を調整できます。

［ワープスタビライザー］を適用後、満足いく結果が得られなかった場合は、［滑らかさ］❶や［補間方法］を調整してみましょう❷。

［滑らかさ］は数値を大きくするとより滑らかに調整します。

［補間方法］は初期状態では複合的な方法で補間する［サブスペースワープ］という方法になっていますが、分析（トラッキング）データに基づいて位置のみを補間する［位置］、それにスケール調整や回転調整を加える［位置、スケール、回転］、フレーム全体をコーナーピンで補正する［遠近］という方法から選択できます。

うまく補正できなかった場合は、これらの補間方法なども試してみましょう。

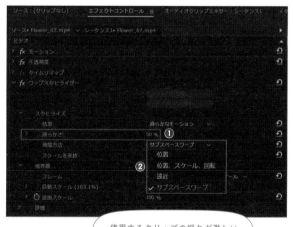

> 使用するクリップの揺れが激しい場合など、うまくエフェクトが適用されないこともあります。補正の必要がないように、撮影時は極力気をつけることも大切です！

LESSON
10

#レンダリング

負荷を軽くして
スムーズに再生しよう

動画でも
チェック！

https://dekiru.net/
yprv2_410

PCに負荷がかかり、編集中の動画がスムーズに再生されない場合があります。そんなときはレンダリングをして負荷を軽減させましょう。

練習用ファイル
4-10.prproj

レンダリングしてスムーズにプレビューする

エフェクトの処理は、PCに高負荷をかけるため、PCのスペックによっては再生が不安定になることがあります。エフェクトの適用後にタイムラインのレンダリングバーが赤くなる場合は❶、高負荷がかかっていることを示しています。この場合はレンダリングをした上でプレビューするようにしましょう。

レンダリングバー

レンダリングの範囲を決める

プレビューしたい部分だけレンダリングします。今回はクリップ全体に対してレンダリングを行います。範囲を決めるには、イン点とアウト点を設定します。

① 練習用ファイル「4-10.prproj」を開きます。クリップの最初に再生ヘッドを移動し❶、キーボードの□キーを押してイン点を設定します。

② 再生ヘッドをクリップの最後に移動して❷、□キーを押してアウト点を設定します。

レンダリングを行う

① ［シーケンス］メニュー❶の［インからアウトをレンダリング］をクリックします❷。レンダリングが始まります。

できた! レンダリングが完了すると赤色のバーが緑色に変わったことがわかります。これでプレビューをスムーズに行うことができます。

ここがPOINT

イン点、アウト点消去のショートカット

設定したイン点とアウト点は Ctrl + Shift + X キーで消去することができます。

もっと知りたい!

● レンダリングバーの表示でPCへの負荷をチェックする

タイムラインの上部に表示されるレンダリングバーの色を目安にスムーズなプレビューが可能かどうかを判断できます。

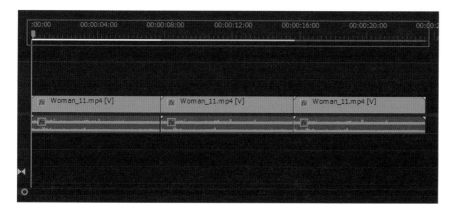

レンダリングバーの色
黄……レンダリングしなくても再生できる
緑……レンダリングが終わった部分。スムーズに再生される状態
赤……コマ落ち、もしくはフリーズの可能性があり、レンダリングが必要な状態

● レンダリングファイルはこまめに削除する

レンダリングした情報は、レンダリングファイルとして蓄積されていき、ハードディスクを圧迫する可能性があります。不要なレンダリングファイルはこまめに削除して、整理しておきましょう。
編集作業が終わったら、[シーケンス]メニューから[レンダリングファイルを削除]をクリックして削除します。

シーケンス(S) マーカー(M) グラフィックとタイトル(G) 表示(V) ウィンドウ(W) ヘルプ(H)
シーケンス設定(Q)...
インからアウトでエフェクトをレンダリング　　Enter
インからアウトをレンダリング
選択範囲をレンダリング(R)
オーディオをレンダリング
レンダリングファイルを削除(D)
インからアウトのレンダリングファイルを削除
マッチフレーム(M)　　F
逆マッチフレーム(T)　　Shift+R
編集点を追加(A)　　Ctrl+K
編集点をすべてのトラックに追加(A)　　Ctrl+Shift+K
トリミング編集(T)　　Shift+T
選択した編集点を再生ヘッドまで変更(X)　　E
ビデオトランジションを適用(V)　　Ctrl+D
オーディオトランジションを適用(A)　　Ctrl+Shift+D

CHAPTER 4

LESSON 11

動画でも
チェック！

https://dekiru.net/
yprv2_411

練習用ファイル
4-11.prproj

#マルチカメラ #ネスト

マルチカメラ編集の
準備をしよう

1つのシーンを複数のカメラで撮影することを「マルチカメラ撮影」といいます。ここではマルチカメラ撮影された素材を同期して1つにまとめる作業を行います。

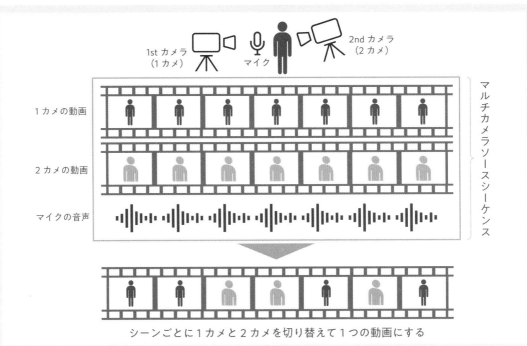

シーンごとに1カメと2カメを切り替えて1つの動画にする

マルチカメラの素材を編集するには、マルチカメラの素材から「マルチカメラソースシーケンス」というシーケンスを作成する必要があります。マルチカメラソースシーケンスを作成することで、マルチカメラの素材が同期し、1つのシーケンスとして扱えるようになります。このレッスンでは、マルチカメラソースシーケンスを作成してから、クリップの前後の不要部分を削除するところまでを行います。

＼ 知りたい！ ／

● 複数のカメラで同時に撮影する方法

複数のカメラ（マルチカメラ）で撮影するときに、意識したいポイントがあります。それは、カメラはヨリとヒキなど、構図にメリハリを持たせること、クリアな音声を収録するための環境にも配慮する、ということです。

このレッスンで使用するインタビュー素材も、2台のカメラでヨリとヒキで撮影し、音声はピンマイクとレコーダーを使ってカメラのマイクとは別に収録しています。

静かな収録環境をつくるために、エアコンを消す、外の車の音に気をつける、スマホはミュートにするなど事前にしっかりと確認しましょう。

また音声を別に収録する場合は、編集時に動画と同期しやすいように、収録を開始したタイミングで一度大きく手を叩きましょう。するとそのクラップ音をもとに、編集時に簡単に素材を同期できます。

ガンマイクを被写体
の頭上から垂らして
撮影する方法もよく
使います。

マルチカメラソースシーケンスを作成する

複数の動画を1つにまとめる場合、動画と音声のタイミングを合わせる（同期する）必要があります。まずは同期したい素材をすべて選択し、マルチカメラソースシーケンスを作成しましょう。

① 練習用ファイル「4-11.prproj」を開きます。[プロジェクト]パネルの[Footage]ビンの中にある、[Interview_01.mp4][Interview_02.mp4][voice_01.wav]を選択します❶。

② 選択した素材を右クリックし、[マルチカメラソースシーケンスを作成]をクリックします❷。

マルチカメラソースシーケンスを設定する

マルチカメラソースシーケンスにわかりやすい名前をつけましょう。[マルチカメラソースシーケンスを作成] ダイアログボックスでは、あらかじめ設定された名前として「ビデオクリップ名＋マルチカメラ」、「オーディオクリップ名＋マルチカメラ」の形式が選べるほか、自由な名前を入力できます。また、各素材のタイミングを合わせるには、同期ポイントを設定します。今回はクリップのオーディオ波形で合わせましょう。

> あとで何のマルチカメラかわかるように名前をつけましょう。

① [カスタム]を選択します❶。

② ここでは名前の部分に「Interview_01_マルチカメラ」と入力します❷。

③ [オーディオ]をクリックし❸、[OK]ボタンをクリックします❹。

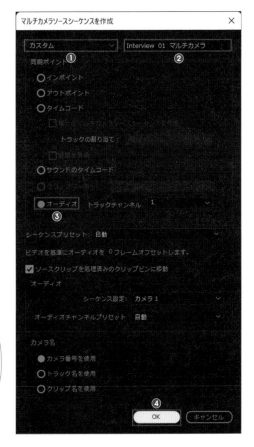

> 今回、3つの素材には同じ音声（オーディオ）が含まれています。そのため、この音声のタイミングを基準にすることで、すべての素材が同じタイミングでそろうということです。

④ [プロジェクト]パネルに、手順②で設定した名前がついたマルチカメラソースシーケンス❺と、もとの素材が入った[処理済みのクリップ]❻のビンが作成されたことを確認します。

マルチカメラソースシーケンスをタイムラインに配置する

マルチカメラソースシーケンスを編集するためタイムラインに配置します。

① マルチカメラソースシーケンスをタイムラインにドラッグ&ドロップします❶。

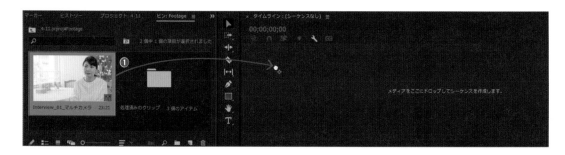

② タイムラインに、ネストされたクリップ(下の「ここがPOINT」参照)が表示され、[プロジェクト]パネルに新たに通常のシーケンスが作成されたことを確認します❷。

ここがPOINT

ネストとは？

ネストとは、何かが入れ子状になっていることを指します。Premiere Proのネストは、複数のクリップをまとめて、あたかも1つのクリップ(シーケンス)であるかのように扱える機能です。ネストすることで、カット編集やエフェクトの追加が効率的に行えるようになります。
上の画像では、タイムライン上にある緑色のクリップがネストされたクリップです。この例の場合は、マルチカメラで撮影された2つの動画クリップと、1つのインタビュー音声のクリップが、この緑色のクリップに含まれています。

③ 新しくできたシーケンスの名前をクリック
して、「シーケンス1」と入力します❸。

マルチカメラソースシーケン
スのアイコンと通常シーケン
スのアイコンは異なります。
混同しやすいので気をつけま
しょう。

・アイコンの違い
　通常
　マルチカメラ

［マルチカメラソースシーケンス］の中身を表示する

ネストされたクリップとは別に、［マルチカメラ
ソースシーケンス］の中身がわかるクリップをタイ
ムライン上に表示します。

① プロジェクトパネル内の［マルチカメラ
ソースシーケンス］を右クリックし❶、［タ
イムラインで開く］を選択します❷。

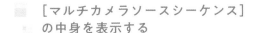

② すると、タイムライン上に［マルチカメラ
ソースシーケンス］の中身が表示されます。

トラックの幅を広げてみると正面と斜め横
から撮影された2つのクリップが配置され
ているのがわかります。

不要な部分をカットする

インタビューの前後の不要な部分はカットしてお
きましょう。インタビューは「00:00:07:00」からの
約13秒間なので、クリップをその時間にカットし
ます。

① 「00:00:07:00」に再生ヘッドを移動して❶、
各クリップのそれより前の部分をカットしま
す。
カットしてできたギャップも削除しておき
ましょう。

ギャップの削除 ➡ 60ページ

今回のクリップは撮影時に「パンッ」
というハンドクラップ音を入れていま
す。これにより波形でその箇所が突出
し、合わせやすくなります。撮影現場で
よく見るスレート（カチンコ）です。

② 再生ヘッドを[00:00:13:07]に移動し❷、それよりうしろの部分をカットします。

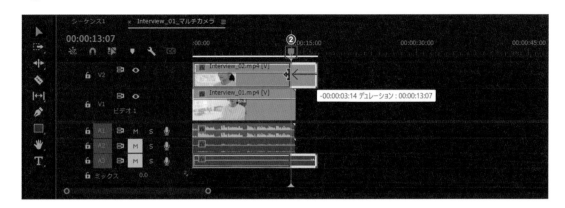

③ [タイムライン]パネルを「シーケンス1」に切り替えます❸。手順①と②でクリップの不要な部分をカットした分、ネスト化された緑のクリップに空白部分ができています❹。手順②と同様に、こちらもカットしましょう。

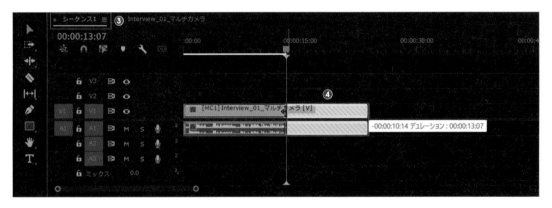

＼できた！／ これでマルチカメラ編集の準備は完成です！

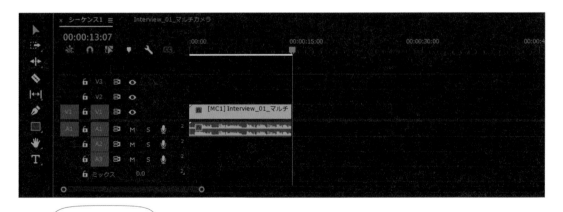

次のレッスン12では、
シーンごとにカメラを
切り替える方法を解説
します。

もっと
知りたい！

● ネストで効率よく編集しよう！

このレッスンでは、マルチカメラ編集のために
ネスト化したクリップを作成しましたが、タイ
ムライン上の素材が多いときや、一括編集する
など、作業効率アップのためにもネストは活用
できます。
ここでは手動でネスト化する方法を紹介します。

> すべてのクリップではなく、この
> ようにクリップの数が多い一部分
> だけのネスト化もできます。

① ネスト化したい素材をまとめて選択
します❶。

② 選択したクリップの上で右クリック
し[ネスト]を選択します❷。
[ネストされたシーケンス名]ダイ
アログボックスが表示されるので、
シーケンス名を入力し[OK]ボタン
をクリックします❸。

> 名前はあとで何
> のシーケンスか
> わかるようにつ
> けましょう。

③ すると、選択した複数素材が1つの
ネスト化されたシーケンスにまとま
りました❹。

④ ネスト化されたシーケンスにエフェ
クトを適用すると、内部にあるすべ
てのクリップに適用されます。

ネスト化されたシーケンスに
[色かぶり補正]のエフェク
トをかけた状態。テキストを
含めネストされた素材すべて
に適用される

⑤ ネスト化されたシーケンスをダブル
クリックすると❺、[タイムライン]
パネルが別に開き❻、クリップなど
に対して変更を加えられます。

#マルチカメラ

マルチカメラ編集で
クリップをスイッチングしよう

動画でも
チェック!

https://dekiru.net/
yprv2_412

練習用ファイル
4-12.prproj

レッスン11で作成した［マルチカメラソースシーケンス］を使って、2つの映像をスイッチング（切り替え）していきます。

［プログラムモニター］パネルにボタンを追加する

マルチカメラの編集をするには［マルチカメラ表示を切り替え］ボタンを使いますが、初期状態ではこのボタンは表示されていません。まずは［プログラムモニター］パネルにこのボタンを追加しましょう。

> ライブ動画などで見られるスイッチングというカメラを切り替える作業です。

① 練習用ファイル「4-12.prproj」を開きます（レッスン11の続きから進めることもできます）。［シーケンス1］が表示されていることを確認します❶。

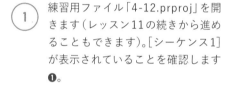

② ［プログラム］パネルの右下にある［+］ボタンをクリックします❷。

③ ［マルチカメラ表示を切り替え］ボタン（▦）を［比較表示］ボタンの右側にドラッグします❸。
追加できたことを確認して、［OK］ボタンをクリックします❹。

> ボタンを配置する位置は、自分がわかりやすい場所ならどこでもかまいません。

マルチカメラ表示に切り替える

1. 追加した[マルチカメラ表示を切り替え]ボタンをクリックします❶。

2. 左側にある❷❸がカメラソース（撮影されたマルチカメラの素材）で、ここから表示したいソースを選択すると、右側に大きくプレビューされます❹。

選択しているほうに黄色い枠線がつき、プレビューに表示される

切り替えの位置を指定する

ここからいよいよマルチカメラ編集です。再生しながら1カメと2カメを切り替えるタイミングを決めていきます。

1. クリップのイン点に[再生ヘッド]を移動します❶。カメラソースから1カメをクリックし❷、[再生]ボタンをクリックします❸。

2. 切り替えたいタイミングで、2カメをクリックします❹。ここでは「アトリエ メゾン ドゥ ラ メールのHIROKOです」をいい終わったところで切り替えています。

③ [停止]ボタン（■）をクリックします。切り替えたタイミングでタイムライン上のクリップにカットが入り❺、カット後のクリップは2カメに切り替わっているのがわかります。

④ 続けて再生しながら1カメと2カメをクリックしていきます。

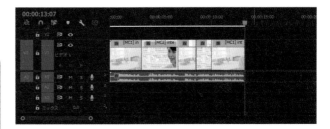

ここがPOINT

カメラの切り替えはショートカットキーが便利

キーボードの１キーを押すと1カメ、２キーを押すと2カメに切り替わります。再生中にすばやく切り替えたいときはこのショートカットキーを使うとよいでしょう。

あとからスイッチングを変更する

編集後、ある部分のクリップを1カメもしくは2カメに戻すこともできます。

① 再生ヘッドを変更したいクリップの位置に移動し❶、[プログラムモニター]パネルでカメラソース（ここでは2カメ）を選択します❷。

変更したいクリップ（1カメ）

② すると、自動的に2カメに変更されます。

再生ヘッドの位置にあるクリップが1カメから2カメに切り替わった

スイッチングのタイミングを微調整する

もしスイッチング（切り替え）を多く入れすぎたり、タイミングを間違えたりした場合は、［ローリングツール］で調整します。

あと少し！

① ［ツール］パネルから［ローリングツール］を選択します❶。

② 調整したいクリップの端にマウスポインターを合わせ❷、左右にドラッグします。

できた！ 動画を再生してみましょう。思い通りのタイミングで1カメと2カメがスイッチングしていたら成功です。

LESSON 13

#カラーマッチ #カラーホイール

印象の違う2つの動画の
カラーをそろえよう

動画でも
チェック!

https://dekiru.net/
yprv2_413

練習用ファイル
4-13.prproj

異なる色味のクリップをカラー調整することで雰囲気を統一する方法を解説します。

シーンの異なる2つのクリップ。左右のクリップを比べると、左側のクリップのほうが明るく、やや青みがかっています。

右側のクリップのカラーを左側のクリップのカラーにそろえて、動画全体の雰囲気に統一感を出しましょう。まずは[カラーマッチ]の機能を使って、自動的に調整したあと、カラーホイールで微調整します。

知りたい!

● カラーマッチとは?

カラーマッチとは、自動的にカラー(色味や輝度)をそろえる機能のことです。撮影する日の天気や撮影に使用したカメラによって、映像のカラーは異なります。複数のクリップを1つの動画作品にするにあたってカラーがバラバラだとストーリーや雰囲気も伝わりにくくなってしまうので、統一する必要があります。Premiere Proでは、基準としたいフレームを指定すると、そのフレームのカラーにほかのクリップのカラーをそろえられます。

カラーの基準となるフレームと、
変更するフレームを表示する

カラーの基準となるフレームと、そのカラーにそろえたいフレームを並べて、比較しながら調整していきます。まずは2つのフレームを比較できるよう並べて表示します。ここでは「Dog_12.mp4」の色味に、「Woman_08.mp4」をそろえましょう。

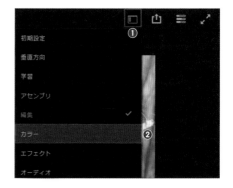

① 練習用ファイル「4-13.prproj」を開きます。[ワークスペース]ボタンをクリックし❶、[カラー]を選択します❷。

② タイムラインで、参照元（リファレンス）
となる［Dog_12.mp4］を選択します❸。
［Lumetriカラー］パネルの［カラーホイー
ルとカラーマッチ］にある［比較表示］ボ
タンをクリックします❹。

③ すると［プログラムモニター］に、2つの画
面が表示されます。左側の［リファレンス］
にはカラーの基準となるフレーム❺、右側
の［現在位置］には、タイムラインの再生
ヘッドの位置にあるフレームが表示され
ています❻。
［リファレンス］のスライダーを基準とした
いフレームにドラッグします❼。ここでは
［00:00:06:20］の位置にドラッグしました。

④ タイムラインの再生ヘッドをカラーを調
整したいクリップにドラッグします❽。こ
こでは［00:00:17:00］の位置にドラッグ
しました。

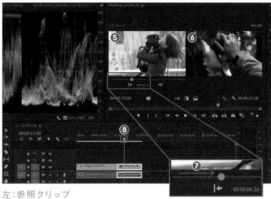

左：参照クリップ
右：色を調整するクリップ

左の［リファレンス］のカラー
を参照元として、右の［現在の
位置］のカラーを調整すると
いうことですね。

色味をそろえる

［カラーマッチ］の機能を使って、［現在位置］に表
示されているクリップのカラーを［リファレンス］
のカラーにそろえます。

① ［カラーホイールとカラーマッチ］にある
［一致を適用］ボタンをクリックします❶。

② ［現在位置］のフレームが、［リファレンス］
のカラーに近づきます。

［現在の位置］のクリップ全体
に適用されます。［リファレン
ス］のカラーに合わせてやや
明るくなりましたね。

[Lumetriスコープ]で変化を確認しよう

[比較表示]にすると[Lumetriスコープ]でも
[リファレンス]と[現在位置]両方のカラー
分布が確認できます。左側が[リファレンス]、
右側が[現在位置]の分布を表します。

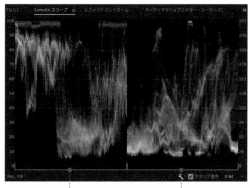

[リファレンス]の分布　　[現在位置]の分布

輝度を微調整する

[カラーホイールとカラーマッチ]にあるカラーホイー
ルではシャドウ、ミッドトーン、ハイライトそれぞれの
輝度や色味を調整できます。ここではミッドトーンと
ハイライトの輝度を少し上げてみましょう。

輝度を調整
色味を調整

(1) [リファレンス]を確認しながら、[ミッドトーン]
と[ハイライト]のカラーホイールの左にあるス
ライダーを少し上にドラッグします❶。

\ できた！/ [現在位置]のクリップのカラーが[リ
ファレンス]に近づき、動画全体の雰囲気
に統一感が出ました。

Lumetriスコープ
の波形も変化して
いるはずです。

全体の色味を調整する場合は？

たとえばミッドトーンとハイライ
トの色味を青寄りにしたい場合
は、カラーホイールの白い+を水
色や青色の位置にドラッグしま
す。少し動かすだけで大きく色味
が変化するので、画面を確認しな
がら少しずつ調整しましょう。

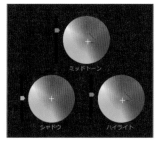

全体的に青寄りの色味に変化する

CHAPTER 4

LESSON 14

#HSLセカンダリ

特定のカラーを選択して調整しよう

特定のカラーだけ補正する方法を紹介します。部分的に細かい調整をすることで、動画のクオリティが上がります。

動画でもチェック！

https://dekiru.net/
yprv2_414

練習用ファイル
4-14.prproj

↓ 肌の色を調整

レッスン13で全体のカラーをそろえて、統一感を出しました。このレッスン14ではそこからさらに肌の色だけを調整して、よりリファレンスの色味に近づけていきます。

知りたい！

● 特定のカラーだけ調整したい！

映像の特定の部分の色だけを変更したり、微調整したりしたいときは[Lumetriカラー]の[HSLセカンダリ]という機能を使います。被写体の服の色を変えたり、肌の色だけ明るくしたりといった使い方ができます。この機能を使いこなすコツは、いかに特定の部分をきれいに選択できるかということです。選択範囲を誤ると意図していない箇所まで色が変わってしまいます。選択範囲をしっかりと定めて、思い思いのカラー調整に挑戦してみましょう。

特定のカラーを選択する

リファレンスと比べると、やや肌の色の黄色みが強いので、微調整していきます。まずは肌の色だけの選択範囲をつくります。

① 練習用ファイル「4-14.prproj」を開きます（レッスン13の続きから進めることもできます）。
ワークスペースは[カラー]でレッスン13と同様に[比較表示]にして操作を進めましょう。
タイムラインの[Woman_08.mp4]を選択します❶。

② ［Lumetriカラー］パネルの［HSLセカンダリ］を展開します②。［設定カラー］の一番左のスポイトを選択して③、［現在位置］の肌の部分をクリックします④。

③ ［カラー/グレー］にチェックを入れると⑤、スポイトでクリックした部分のカラーが選択されます⑥。

スポイトでクリックした時点で選択範囲は作成されています。［カラー/グレー］にチェックを入れることで、それを目視できるということですね。カラーの部分が選択範囲、グレーの部分が選択範囲外の部分です。

選択範囲を調整する

HSLそれぞれのスライダーをドラッグして、選択範囲を調整します。H（Hue）は色相、S（Saturation）は彩度、L（Luminance）は輝度を調整します。スライダー上の▼をドラッグすると、各項目の範囲を拡大縮小、下の▲をドラッグすると、上の▼で選択した範囲がなめらかに広がります。選択範囲の基準を変更したい場合は各項目の白い線をドラッグしましょう。

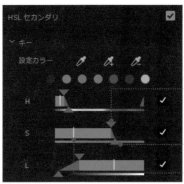

・範囲を拡大縮小する

・範囲をなめらかにする
・基準を変更する

① 映像を見ると、光の加減で肌の明るい部分と暗い部分の差があるので［L］の▼をドラッグして①、輝度の範囲を拡大しましょう。

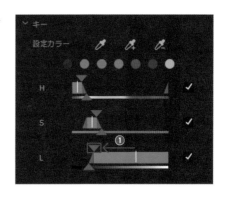

(2) 輝度の選択範囲が拡大しました。

(3) 彩度の範囲も広げましょう。
[S]の▼をドラッグします❷。
さらに[S]と[L]の▲をドラッグして❸、選択範囲をなめらかにします。

> スポイトでクリックした位置によってスライダーの調整範囲は異なるので、[現在位置]の表示を確認しながら行いましょう。

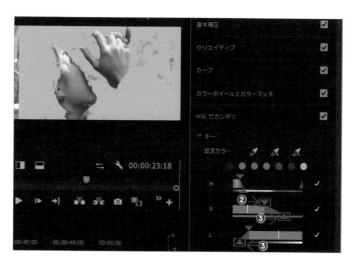

選択範囲をさらになめらかにする

[HSLセカンダリ]にある[ノイズ除去]は数値を上げると選択範囲のムラを軽減できます。また[ブラー]の数値を上げると選択範囲の境界をぼかすことができます。この2つの数値を調整して選択範囲をよりなめらかにしましょう。

(1) [HSLセカンダリ]の[リファイン]にある[ノイズ除去]と[ブラー]のスライダーを右にドラッグします❶。

(2) よりなめらかな選択範囲になりました。

(3) あと少し！ 選択範囲の調整が終わったら[カラー/グレー]のチェックを外します❷。

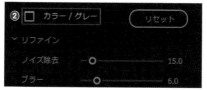

選択した範囲のカラーを調整する

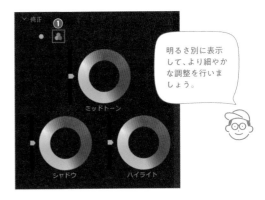

選択範囲が決まったら、その範囲のカラーを調整します。
[HSLセカンダリ]にあるカラーホイールでシャドウ、
ミッドトーン、ハイライトそれぞれのカラーを調整しま
しょう。

明るさ別に表示
して、より細やか
な調整を行いま
しょう。

①　[HSLセカンダリ]の[修正]にあるカラーホイー
ルを表示します。■をクリックして❶、シャドウ、
ミッドトーン、ハイライトそれぞれのカラーホ
イールを表示しましょう。

②　[リファレンス]と比べると、肌の色がやや黄色みがかっている
ので、[ミッドトーン][ハイライト]のカラーを青色に寄せます。
カラーホイールにマウスポインターを近づけると、白い＋が表
示されるので、その状態で色相の青い部分にドラッグします❷。

 ここがPOINT

調整前の状態と比べるには？

調整前の状態と比べるには
[HSLセカンダリ]のチェックを
外します。

ここがPOINT

[カラーホイールとカラーマッチ]と[HSLセカンダリ]のカラーホイールの違い

[カラーホイールとカラーマッチ]のカラーホイールでは全体のカラーを、[HSLセカンダリ]
では選択した範囲だけのカラーを調整できます。

＼できた！／ 肌の色だけを調整できました。

肌の色がやや青色寄りになった

CHAPTER 4

LESSON
15

#モザイク

クリップの一部に
モザイクをかけよう

動画でも
チェック！

https://dekiru.net/
yprv2_415

練習用ファイル
4-15.prproj

Premiere Proでは、画面内にモザイク処理を施すことができます。動いている被写体に追従するモザイクをかけることもできます。

このレッスンでは散歩中の犬にモザイクをかけてみましょう。[トラッキング] 機能を使って、作成したモザイクが対象を追従するように設定していきます。

知りたい！

● モザイクの使い道

モザイク処理をかけるのは、映したくないものを隠す場合のほか、他者の権利を侵害しないようにするという場合があります。たとえば無関係の人物を映した動画を公開することは、プライバシーの侵害になりえます。他者の権利侵害とまでいかなくても、たとえば企業のPR動画などで他社製品が映り込むのを避けたいケースもあるでしょう。原則として、撮影時にそういったものが映らないように注意すべきですが、どうしても映ってしまい隠したい場合にモザイク処理を活用しましょう。

「モザイク」エフェクトを適用する

モザイクは、エフェクトとして用意されています。ほかのエフェクトと同様の手順でクリップにドラッグしてから、モザイクをかけたい位置を指定します。

① 練習用ファイル「4-15.prproj」を開きます。[エフェクト] パネルを表示します**①**。[ビデオエフェクト] → [スタイライズ] → [モザイク] をタイムラインのクリップにドラッグ＆ドロップします**②**。

② 全体にモザイクがかかったことを確認します。

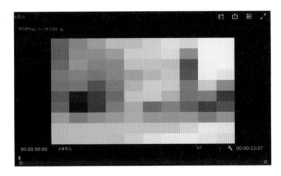

③ [エフェクトコントロール] パネルで [モザイク] の [水平ブロック] と [垂直ブロック] の数値をそれぞれ「100」にします**③**。

モザイクが細かくなった

━ ここがPOINT ━

ブロックの数字の意味

ブロックの数字は、画面を分割する数を表しています。10の場合は、10個に分割（＝モザイクが粗い）され、数字が大きいほどモザイクが細かくなります。

細かすぎるとモザイク上でも認識できる可能性もあるので、様子を見ながら設定しましょう！

モザイクの適用範囲を指定する

ここでは画面右下の犬にモザイクをかけたいので、犬を囲む程度の楕円形の範囲にモザイクをかけましょう。

① 再生ヘッドをクリップのイン点に移動し❶、[エフェクトコントロール]パネルの[モザイク]にある[楕円形マスクの作成]をクリックします❷。すると画面全体にかかっていたモザイクが楕円形に表示されるようになります❸。

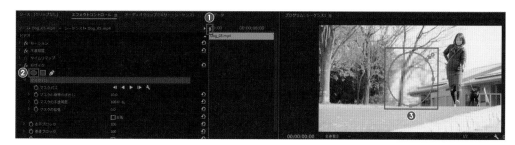

② マウスポインターをモザイクの青い枠の内側に合わせて、犬の位置までドラッグします❹。

③ 周囲に表示されているポイントをドラッグすることで❺、マスクを任意の形に変形できます。犬に合わせて小さくします。

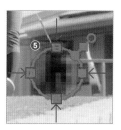

ここがPOINT

マスクする範囲に注意

モザイクをかけたい対象をぴったり覆うようにマスクしましょう。マスクの範囲が大きすぎると、このあとのトラッキング時に対象をうまく認識できなくなります。

モザイクの境界をぼかす

モザイクがくっきりと目立ちすぎる場合は、モザイクを周囲となじませましょう。

① [エフェクトコントロール]パネルの[マスクの境界のぼかし]の数値を「50.0」にします❶。

楕円の周囲がぼけた

数値が大きすぎるとぼける範囲が広くなってしまうのでほどよい数値を見極めましょう。

165

モザイクを追従させる

モザイクをかけたい被写体が動いている場合は、被写体の動きに合わせてモザイクも動かす必要があります。自動で被写体を認識して追従する「トラッキング」という機能を使います。

① ［エフェクトコントロール］パネルの［マスクパス］の横にある［選択したマスクを順方向にトラック］をクリックします❶。すると、再生ヘッドのある位置からトラッキングがスタートします。

ここがPOINT

「順方向にトラック」って何？

順方向とは「時間が進む方向へ」という意味です。ここでは時間が進む方向にそってモザイクも移動させたいので、「順方向にトラック」をクリックしています。

トラッキングは時短につながりますので、ぜひ利用しましょう！

② トラッキングが完了すると、たくさんのキーフレームが自動で作成されていることが確認できます❷。

③ ［再生］ボタン（▶）をクリックして、マスクが被写体に追従していることを確認します。

マスクを手動で動かす

トラッキングの精度は素材によってうまくいかない場合もあります。もしうまくいかない場合は手動で作業をしてみましょう。ここでは「00:00:10:00」フレーム以降、モザイクがずれてしまったと仮定して作業していきます。

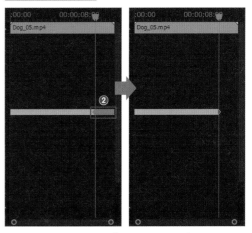

対象の色やサイズ、そして動きなどさまざまな要因で精度が変わってきます。

① タイムコード「00:00:10:00」に再生ヘッドを合わせ❶、それよりうしろのキーフレームをドラッグして選択します❷。キーフレームが選択されたことを確認して、Delete キーを押します。

「00:00:10:00」よりうしろの
キーフレームを削除する

② その位置から再生ヘッドを数フレーム進めます❸。マスクが対象からずれていることがわかります。

③ [プログラムモニター] パネル上のマスクを対象に合わせてドラッグして移動します❹。

マスクの大きさなども
手動で調整できます。

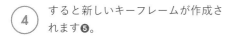

④ すると新しいキーフレームが作成されます❺。

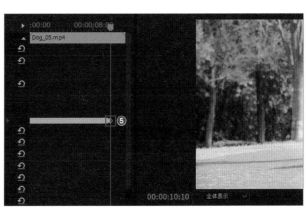

(5) 再生ヘッドを数フレーム進め
ては、マスクの位置を手動で移
動という作業を繰り返してト
ラッキングがずれている箇所
を修正していきます。

＼できた！／ 再生し、モザイクのずれがないか確認しましょう。

＼もっと 知りたい！／

● 複数のモザイクを効率よく作成するには？

2つめ以降のモザイクを作成する場合、[モザイク] エフェクトはすでに適用されている
状態です。そのため165ページの [楕円形マスクの作成] の手順から進めて、トラッキン
グの機能でマスクを追従させていきます。なお、被写体が画面から外れるなどモザイク
が必要なくなった場合は、下の画面のようにマスクを画面外ドラッグするか、[マスク
の不透明度] を0％にしましょう。

2つめのマスク

1つめのマスク

マスクを画面の
外へ移動

LESSON
16

#エッセンシャルサウンド #ダッキング

BGMのバランスをとって、動画にメリハリをつけよう

動画でも
チェック！

https://dekiru.net/
yprv2_416

練習用ファイル
4-16.prproj

会話の音声とBGMが同時に流れている場合、会話を聞き取りやすくするために、BGMの音量を調整する方法を紹介します。

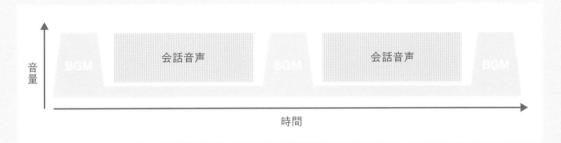

[エッセンシャルサウンド]の[ダッキング]という機能を使うと、会話の音声が流れている間だけBGMの音量を小さくすることができます。

> 手動で音量を調整するのはなかなか手がかかる作業。そんなときにエッセンシャルサウンドを使うととても簡単に音のメリハリをつけることができます！

動画を再生する

このレッスンで使う動画はオープニング→インタビュー→インサート（挿入映像）→インタビュー→エンディングとシンプルな流れになっています。
再生してみるとBGMが大きく、インタビューの声が聞き取りにくいことがわかります。

> V1にインタビューのクリップ、V2にそれ以外のイメージクリップ、A1にインタビューの会話音声、A2にBGMがそれぞれ配置されています。

[エッセンシャルサウンド]パネルで音声データを振り分ける

[エッセンシャルサウンド]パネルでは、音声クリップを[会話][ミュージック][効果音][環境音]の4つに分けることで、素材ごとに最適な設定が簡単に行えるようになっています。タイムラインの[A1]トラックにある会話音声クリップ、[A2]トラックにあるBGMクリップをそれぞれ振り分けて編集していきましょう。

① 練習用ファイル「4-16.prproj」を開きます。[ウィンドウ]メニュー❶の[エッセンシャルサウンド]をクリックし❷、表示された[エッセンシャルサウンド]パネルの[編集]をクリックします❸。

② [A1]トラックの会話音声クリップを2つとも選択し❹、[エッセンシャルサウンド]パネルで[会話]をクリックします❺。

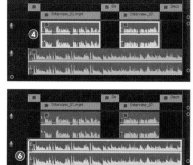

③ [A2]トラックのBGMクリップを選択して❻、[エッセンシャルサウンド]パネルで[ミュージック]をクリックします❼。これで音声の素材ごとに振り分けができました。

ダッキング機能を使って音量を自動調整する

会話音声が流れている間だけBGMの音量が小さくなるようにダッキングを設定します。

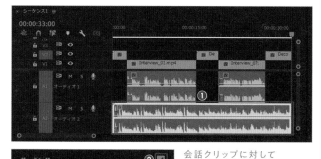

① BGMクリップを選択して❶、[エッセンシャルサウンド]パネルの[ダッキング]にチェックを入れます❷。[ダッキングターゲット]の[会話クリップに対してダッキング]が選択されているのを確認します❸。

② [キーフレームを生成]をクリックします❹。

会話クリップに対して
ダッキング

青いアイコンは
選択された状態
を表しています。

③ タイムライン上のBGMにキーフレームが生成され
ました❺。

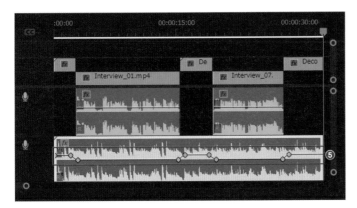

手動で調整するには？

線の上下は音量の変化を
表しています。変化するポ
イントにキーフレームが
打たれていることを確認
しましょう。このキーフ
レームをドラッグするこ
とで、位置や音量を調整で
きます。

\ できた！/ 再生してみましょう。
インタビューの音声が流れている間はBGMの音量が
小さくなっていることがわかります。

次のレッスンでは、ここ
からさらに会話音声の質
を上げていきます。

もっと
\ 知りたい！/

● ダッキングは自分で調整できる

すべて自動で調整してくれるダッキングの機能ですが、パラメータの値を変えることで
より細かい調整ができます。一度［ダッキング］のチェックを外し、以下を参考にパラ
メータを変更したあと、再度［キーフレームを生成］をクリックしましょう。

❶感度

ダッキングが反応する感度を調整できま
す。感度を上げると、音声の解析がより厳
密（シビア）になり、より短い無音状態でも
キーフレームを生成するようになります。

❷ダッキング適用量

音量をどこまで下げるかを調整します。下
げると、キーフレームの値（デシベル）が
変わります。

❸フェード期間

音量の変化の緩急を調整します。値を上げ
ると、音量の変化
がよりゆるやかに
なります。

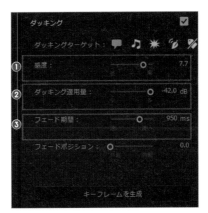

感度「7.7」、ダッキング適用量「-42.0」、フェード期間「950」で
生成されたキーフレーム

#エッセンシャルサウンド　#音声の修復

音声を聞き取りやすくしよう

動画でも
チェック！

https://dekiru.net/
yprv2_417

練習用ファイル
4-17.prproj

エッセンシャルサウンドでは会話やナレーションなどの声を修正する機能がいくつか備わっています。ここではエッセンシャルサウンドで音声を聞きやすく調整しましょう。

レッスン16では会話とBGMの音量バランスを調整しましたが、ここでは人の声（ナレーション）の音質を向上させ、聞き取りやすくしていきます。

＼ 知りたい！ ／

● 動画のクオリティを左右する「音の質」

動画のクオリティは、映像だけでなく音声によっても左右されます。音にノイズが乗っていたり、声が聞き取りにくかったりすると、それだけで動画の評価が大きく下がってしまいます。

かといって音声の修復は、専門家が存在するように、大変奥が深いものです。Premiere Proでは、エッセンシャルサウンド機能を使うことで、音量バランスを整えたり、ノイズをカットしたりといった加工を簡単に行うことができます。

クリップごとの音量を均一化する

ここでは「ラウドネス」という機能を使って音量を均一化します。ラウドネスとは音の大きさを示す指標ですが、Premiere Proでは、［エッセンシャルサウンド］パネルで振り分けたサウンドのカテゴリごとに最適な音量（ラウドネス）が決められています。

たとえばTV番組からCMと連続して複数のコンテンツが再生される際に、音量値の大小が発生しないよう、基準値に合わせて平均化する必要があります。ラウドネスを自動一致させると、基準に合わせ平均化されたレベルの値に調整してくれます。

① 練習用ファイル「4-17.prproj」を開きます（レッスン16の続きから進める
こともできます）。[A1]トラックの会話音声のクリップをすべて選択します
❶。[エッセンシャルサウンド]パネルの[編集]❷→[ラウドネス]をクリッ
クし❸、[自動一致]をクリックします❹。

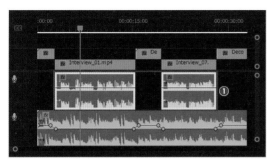

② すると2つの会話音声クリップの波形の高さ
がそろいます。

> 音の変化はスピーカーでは
> わかりにくいかもしれない
> ので、ヘッドホンやイヤホ
> ンを使用して作業してみま
> しょう！

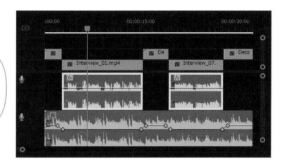

音声を修復する

ここでは[エッセンシャルサウンド]パネルの[修復]
機能を使って、音声のノイズや反響を取り除いてク
リアな音に調整していきます。

① [エッセンシャルサウンド] パネルの [修
復]をクリックします❶。[ノイズを軽減]に
チェックを入れて数値を「0.0」にします❷。

② 再生するとサーッというノイズが聞こえるの
で、音を聞きながらスライダーを右方向にド
ラッグします❸。ここでは「1.5」あたりまで
ドラッグします❹。

③ 再生すると、ノイズが軽減されクリアな音声
になっていることがわかります。

> 数値を上げすぎると、ノイズ
> 成分だけではなく、音声成分
> も軽減するため、不自然な音
> になります。

④ [リバーブを低減] にチェックを入れます❺。
手順②と同じように調整していきます。
ここでは数値を「1.0」としました❻。

ここがPOINT

リバーブを低減して聞きやすくする

リバーブとは、残響音のことです。風呂場や洞窟などで声を出すと音が響きますが、この響きのことをリバーブといいます。音声を収録したときの状況によっては、残響音によって聞き取りづらい場合があります。そういうときは、[リバーブを低減]を調整して聞きやすいポイントを探してみましょう。

できた！ ノイズと反響が取り除かれクリアな音質になりました。

リバーブの低減もあまりかけすぎると音がこもってしまうので注意しましょう。

もっと
知りたい！

● [修復] 機能を理解して、音質向上に役立てよう

このレッスンで解説した [ノイズを軽減]、[リバーブを低減] 以外にも [修復] には音質を向上させる機能があります。特にカメラに搭載されたマイクで収録した音声の場合は、狙い通りに録れていないことがよくあります。そういう場合は、[修復] 機能を積極的に活用しましょう。

❶ノイズを軽減
ホワイトノイズといわれるサーという
背景音を軽減します。

❷雑音を削減
80Hz以下の低周波数のノイズをカットします。

❸ハムノイズ音を除去
ハムノイズとは、低い周波数のブーンという音のことで、電源周波数によって50Hzまたは60Hzを選択して除去できます。

❹歯擦音（しさつおん）を除去
主にサ行のシー、スー、シャーなどといった高周波数の耳障りな摩擦音を除去します。

❺リバーブを低減
反響音を低減します。

CHAPTER 4

LESSON 18

#自動文字起こし #カット編集 #インサート

文字起こしベースの編集を しよう（カット編集）

動画でも
チェック！

https://dekiru.net/
yprv2_418

CHAPTER 4 アニメーションやエフェクトを使いこなす

クリップに含まれる音声データから自動的に検出されたテキストを使って、クリップをカット編集する方法を紹介します。

練習用ファイル
4-18.prproj

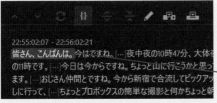

自動的に検出されたテキストの
一部を選択

選択したテキスト
だけのクリップをタイムラインに挿入

[自動文字起こし]機能を使って素材を読み込むと、その素材に含まれる音声が自動的にテキストデータとして検出されます。このレッスンでは、自動的に検出されたテキストから、クリップとして使いたい部分だけを選択し、タイムラインに並べていく方法を解説します。会話の不要な「間」や重複している部分などもテキストをベースにカット編集していきましょう。

この「文字起こしベースの編集」機能ができるまでは、動画を再生しながら、必要箇所をカットしていたので時間がかかりました。この機能の誕生で、文章を編集するように、クリップをテキストベースで分割したり、カットしたりできるようになりました。

読み込む素材を選択する

[読み込み]画面で読み込む素材を選択します。さらにビンやシーケンスを作成する設定もここで行いましょう。

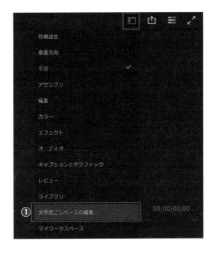

① 練習用ファイル「4-18.prproj」を開き、ワークスペースを[文字起こしベースの編集]に切り替えます❶。

② ヘッダーバーの[読み込み]タブをクリックし❷、[読み込み]画面に切り替えます。

③ [4-18_4-19]フォルダーにある[Vlog_01.mp4][Vlog_02.mp4]を選択します❸。

④ ［読み込み時の設定］の列で［新規ビン］と［シーケンスを新規作成する］をオンにします④。

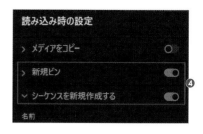

ここがPOINT

［シーケンスを新規作成する］機能とは？

動画編集の土台となるシーケンスを素材の読み込み時に作成できる機能です。37ページでは素材を読み込んだあとに、素材をタイムラインにドラッグ＆ドロップで作成しましたが、読み込み時に設定することもできます。オンにした際に、初期設定で「シーケンス01」となっているシーケンス名を任意の名前に変更することも可能です。

［新規ビン］は素材を管理するフォルダーを作成する機能でしたね。

自動文字起こしの設定をする

［自動文字起こし］機能とは読み込む素材に含まれる音声を自動的にテキストデータに変換してくれる機能です。素材を読み込んだあとでも使える機能ですが、ここでは読み込み時に設定しておきましょう。

① ［読み込み時の設定］の列で［自動文字起こし］をオンに①、［言語］を［日本語］にします②。

② ［スピーカーのラベル付け］を［はい、スピーカーを区別します］に設定します③。［文字起こしの環境設定］を［シーケンスのクリップのみを自動文字起こし］に設定し④。［読み込み］ボタンをクリックします⑤。

ここがPOINT

［スピーカーのラベル付け］と［文字起こしの環境設定］の設定

［スピーカーのラベル付け］は素材に複数人の音声が含まれる場合、話者の違いを認識して自動的に振り分けてくれる機能です。
［文字起こしの環境設定］では自動文字起こしを適用するクリップの範囲を設定できます。シーケンスに含む含めないに関係なく、すべてのクリップに対して行う場合は［読み込まれたすべてのクリップを自動文字起こし］を選びましょう。

ここでは読み込み時にシーケンスを作成し、そこに含まれるクリップを対象とするので［シーケンスのクリップのみを自動文字起こし］を選びました。

③ 文字の生成が始まります。

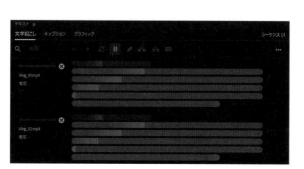

文字の生成には時間がかかる場合があります。しばらく待ちましょう。

生成中の画面

④ 自動的に音声がテキスト化されました❻。設定したとおりに[ビン]が作成されていることや、シーケンスが作成されたことも確認しましょう。

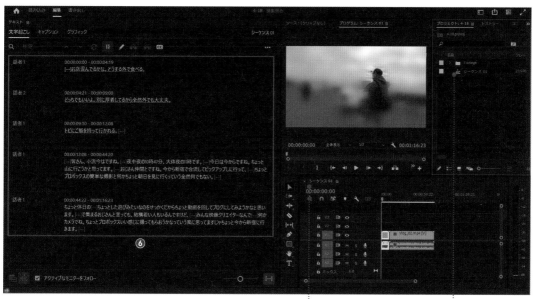

シーケンスの作成　　　　　ビンの作成

ここがPOINT

**タイムラインにクリップを並べたあとに
自動文字起こしを行う場合は？**

素材の読み込み時ではなく、読み込んでタイムラインに並べたあとに自動文字起こしを行うケースもあるでしょう。その場合は、[テキスト]パネルの[文字起こし]タブを開き、[文字起こし開始]ボタンをクリックするとタイムラインに並ぶすべてのクリップの文字起こしを行います。シーケンスのクリップのうち、文字起こしするクリップを選択することもできます。

音声を分割する

読み込んだ素材のうち「Vlog_01.mp4」には男性の声と女性の声が含まれており、自動的に[話者1][話者2]と振り分けられています。うまく振り分けられていない場合は、動画を再生して、音声を確認しながら話者ごとに分割していきます。
※分割がうまくいっている場合はこの操作は不要です。

> [ビン]の中にシーケンスが入っている場合は、わかりやすいように外に出しておきましょう。

① [プロジェクト]パネルの[ビン]の中にある[Vlog_01.mp4]をダブルクリックします❶。

② すると[テキスト]パネルの[文字起こし]タブにそのクリップから起こしたテキストだけが表示されます。最初の「お店混んでるかな」が女性で、続く「どうする外で食べる」が男性なので、この間にマウスポインターを合わせてクリックします❷。

③ カーソルが点滅するので、その状態で[セグメントを分割]ボタンをクリックします③。

④ セグメントが分割されました④。

⑤ 同様にして、右図のように分割します。

 話者に名前をつける

わかりやすいように話者に名前をつけます。このとき話者が1種類しかない場合は追加しましょう。

① […話者1]をクリックし①、[スピーカー名を編集]を選択します②。

② [スピーカーを編集]ダイアログボックスが表示されるので。[話者1]を「A」③、[話者2]を「B」に変更し④、[保存]ボタンをクリックします⑤。

> 会話をしている人の名前がわかっていれば、その名前を入れてもいいですね。ここでは男性の音声をA、女性の音声をBとしました。

> 作業環境によっては話者の違いが認識できず、話者が1種類しかない場合があります。[+スピーカーを追加]ボタンをクリックして、話者を追加しましょう。

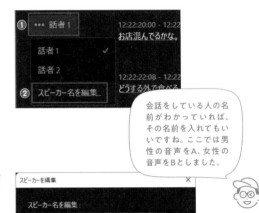

③ 最初のセグメントをAからBに修正します。[…A]をクリックして⑥、[B]を選択しましょう⑦。

同様にして、以下のように調整します。

B　お店混んでるかな
A　どうする外で食べる
B　どっちでもいいよ。別に厚着してるから全然外でも大丈夫
A　トビにご飯を持って行かれる

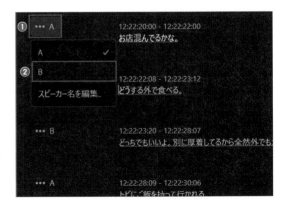

テキストの振り分けを修正する（結合）

セグメントは分割するだけでなく結合することもできます。「Vlog_02.mp4」の素材を使って練習してみましょう。
※結合の必要がない場合、この操作は不要です。

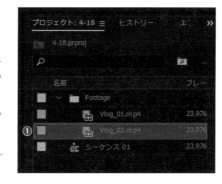

① ［プロジェクト］パネルで［Vlog_02.mp4］をダブルクリックします❶。

② ［テキスト］パネルの［文字起こし］タブに「Vlog_02.mp4」のテキストが表示されます。ここでは［話者1］のテキストが不必要に2つのセグメントに分かれているので、すべてのテキストをドラッグして選択し❷、［セグメントの結合］ボタンをクリックします❸。

③ セグメントが結合され1つになりました。

テキストを修正する

テキストの内容が間違っている箇所を動画を再生しながら確認し、修正してみましょう。この例では最初の「皆さん、小浜」となっている箇所を「皆さん、こんばんは。」に修正します。

① 修正したい箇所にマウスポインターを合わせ、ダブルクリックします❶。

② 入力できる状態になるので「小浜」を「こんばんは。」に修正しましょう❷。修正できたらテキストボックスの外をクリックします。

> テキストの修正は次のレッスンでより詳しく解説します。ここでは、簡単な修正方法だけ知っておきましょう。

テキストベースの編集を行う

「Vlog_02.mp4」の素材を使ってカット編集をしていきます。クリップとしてタイムラインに並べたい箇所のテキストを選択し挿入することで、任意の箇所だけをすばやくタイムラインに並べることができます。

1 新しくクリップを並べていくので、現在タイムラインにあるクリップをすべて選択し❶、Delete キーを押します。

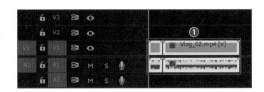

2 [プロジェクト]パネルで[Vlog_02.mp4]のアイコンのあたりをダブルクリックし❷、テキストを表示します。

> ここまでに行ったテキストの編集はもとのデータに対して行っているので、タイムラインのクリップを削除しても問題ありません。

3 まずは最初の「皆さん、こんばんは。」の箇所のクリップを挿入しましょう。タイムラインの再生ヘッドを0秒の位置に移動します。[テキスト]パネルで「皆さん、こんばんは。」をドラッグし❸、[インサート]ボタンをクリックします❹。

> [インサート]ボタンが表示されていないときは、[テキスト]パネルの幅を広げましょう。

4 タイムラインに選択したテキストのクリップが挿入されました❺。

> パネルやタイムラインの幅は適宜使いやすいように調整しましょう。

5 2つ目のクリップを挿入しましょう。再生ヘッドが1つめのクリップのアウト点にあるのを確認し、「今日は今から〜思ってます。」の箇所を選択し❻、[インサート]ボタンをクリックします❼。

> クリップは再生ヘッドの位置から挿入されます。

⑥ 2つ目のクリップが挿入されました❽。
再生して、任意の箇所が挿入されているか確認しましょう。

ここがPOINT

ソースのテキストを常に表示する

初期設定で[テキスト]パネルの表示はアクティブになっているパネルのテキストが表示されています。たとえばタイムライン上で操作すると、[テキスト]パネルにはタイムラインに並んでいるクリップ(プログラムモニターで再生されるクリップ)のテキストが表示されます。これをアクティブになっているパネルに関係なく、ソースのテキストが表示されるように変更するには[テキスト]パネル下部の[アクティブなモニターをフォロー]のチェックを外し❶、[ソースモニターのトランスクリプトを表示]ボタンをクリックします❷。

> テキストからクリップを挿入する操作を続けて行う場合は、この設定が便利です。

---

⑦ 同様の操作を繰り返して、4つのクリップを並べました。

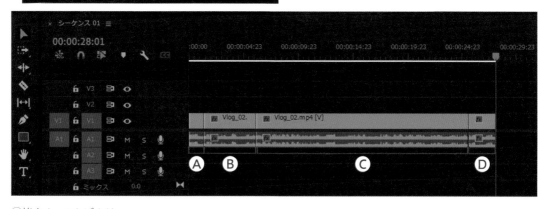

Ⓐ皆さん、こんばんは。
Ⓑ今日は～思ってます。
Ⓒちょっとプロボックス～思います。
Ⓓじゃちょっと～行きます。

「間」を調整する

ここからさらにタイムラインに並べたクリップだけを調整していきます。まずは、会話の中で音声が途切れる不要な「間」を削除します。[テキスト]パネル上で[…]という記号で表示される「間」を選択して削除しましょう。

① [プログラムモニターのトランスクリプトを表示]ボタンをクリックします❶。

② [テキスト]パネルにタイムラインに並んだクリップのテキストだけが表示されるので、削除したい[…]を選択します❷。

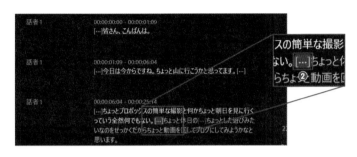

③ [テキスト]パネルで選択した[…]の箇所がタイムライン上に表示されます❸。

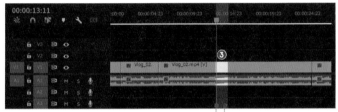

選択した[…]のイン点とアウト点

④ [テキスト]パネルで選択した[…]を右クリックし、[削除（リップル）]を選択します❹。

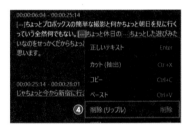

[削除（リップル）]はギャップをつくらずにクリップを削除できる機能です。

⑤ タイムラインを確認すると、選択されていた箇所が削除され、クリップが分割されたことがわかります❺。

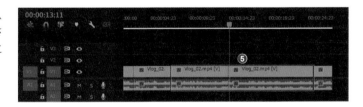

ここがPOINT

検出する「間」の時間を調整する

初期設定で検出される「間（一時停止）」の時間は「0.75」秒です。さらに短い時間の「間」を検出したい場合は、[テキスト]パネルの[文字起こし]タブ右端にある[…]をクリックし、[一時停止]→[一時停止の時間の長さを設定]を選択して、検出される時間を短くしましょう。

不要な会話部分を削除する

テキストをよく見ると「ちょっと」という言葉がたくさん入っています。「間」と同じようにこちらも削除してみましょう。

① ［テキスト］パネルで削除したい部分を選択し❶、前のページの手順④と同様に［削除（リップル）］を選択し、削除します。

② タイムラインを確認すると、選択されていた箇所が削除され、クリップが分割されたことがわかります❷。

＼できた！／ このカット編集を繰り返して、タイムラインのクリップを整理しましょう。

> 再生して、違和感がないか確認しながらカット編集していきましょう。

もっと
知りたい！

● ［上書き］で編集しよう

180ページでは［インサート］（挿入）機能で編集していきましたが、クリップを上書きしながら編集することもできます。

…上書きにより
削除される部分

① 再生ヘッドをクリップの上書きしたい位置に移動し❶、［テキスト］パネルで、テキストを選択した状態で［上書き］ボタンをクリックします❷。

22:55:02:07 - 22:56:02:21
皆さん、こんばんは。今はですね。[…]夜中夜の10時47分、大体夜の11時です。[…]今日は今からですね。ちょっと山に行こうかと思ってます。[…]おじさん仲間とですね。今から新宿で合流してピックアップしに行って、[…]ちょっとプロボックスの簡単な撮影と何かちょっと朝日を

② 再生ヘッドの位置から新しいクリップが上書きされます。

文字起こしベースの
編集をしよう（キャプション）

動画でも
チェック！

https://dekiru.net/
yprv2_419

練習用ファイル
4-19.prproj

自動文字起こしされたテキストはそのままキャプションにすることができます。

[自動文字起こし]機能で生成されたテキストは[キャプションの作成]ボタンをクリックするだけで、そのままキャプションになります。テキストの内容を整理したら、キャプションを作成しましょう。このレッスンでは、さらに読みやすくするためにキャプションを分割したり、デザインを変更したりします。変更したデザインはスタイルとして保存することで、すべてのキャプションに適用できます。

テキストを置き換えて編集する

レッスン18でテキストの簡単な編集方法を解説しましたが、ここではテキストを一括で削除したり、置き換えたりする方法も解説します。ここでは「。」を一括削除してみましょう。

① 練習用ファイル「4-19.prproj」を開きます（レッスン18の続きから進めることもできます）。[文字起こし]タブの[プログラムモニターのトランスクリプトを表示]ボタンをクリックします❶。

② [テキスト]パネルの[文字起こし]タブにある[検索]に「。」と入力すると❷、テキストの「。」がすべて選択されます。

「。」がすべて選択された状態

キャプションに「。」や「、」を入れることはあまりありません。一括削除しましょう。

③ [置き換え]ボタンをクリックすると
❸、[次で置換]の入力欄が表示される
ので、何も入力しない状態で[すべて
を置換]ボタンをクリックします❹。

④ 「。」が削除されました。
同様の手順で「、」など、キャプション
に不要なものを削除してみましょう。

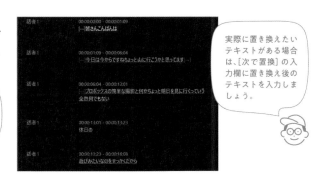

一部置き換えができずに残って
しまうことがありますが、その
場合は該当箇所をダブルクリッ
クして個別に修正しましょう。

実際に置き換えたい
テキストがある場合
は、[次で置換]の入
力欄に置き換え後の
テキストを入力しま
しょう。

キャプションを作成する

テキストの修正が終わったら、キャプションを作成
しましょう。ここではキャプションの設定を初期設
定のままとします。

① [キャプションの作成]ボタンをクリックし
ます❶。

② [キャプションの作成]ダイアログボックス
が表示されるので[キャプションの環境設定]
を展開し、次のとおりに設定しましょう。

形式……………………………… サブタイトル❷
スタイル…………………………………………なし❸
1行の最大文字数……………………………「42」❹
最短のデュレーション（秒）………………「3」❺
キャプション間の間隔（フレーム）………「0」❻
行数………………………………………………2行❼

設定できたら[キャプションの作成]ボタン
をクリックします❽。

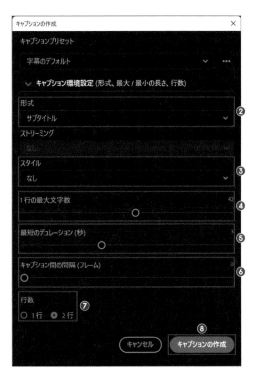

この設定は1つの例です。たとえば
キャプションとキャプションの間隔
を空けたい場合は、スライダーをド
ラッグして調整しましょう。

③ キャプションが作成されました❾。

キャプションを調整する

キャプションによっては、動画の音声とタイミングが合っていないものがあります。読みやすいように、キャプションを分割して調整しましょう。

音声上で「皆さんこんばんは」のタイミングで、そのあとのキャプションも表示されてしまっている

① 最初のキャプションを調整してみましょう。再生ヘッドを1つめのクリップのアウト点に移動します❶。

② [テキスト] パネルの [キャプション] タブで [キャプションを分割] ボタンをクリックします❷。

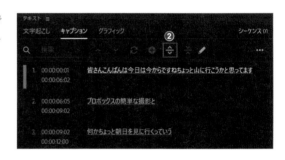

③ キャプションが分割され、[テキスト] パネル上ではキャプションが複製された状態になります❸。

④ キャプションをダブルクリックして、重複している箇所を削除し、1つめのキャプションが「皆さんこんばんは」2つ目のキャプションが「今日は〜思ってます」になるように修正します❹。

ここがPOINT

キャプションを結合する場合は？

分割ではなく逆に結合したい場合は、タイムラインで結合したいキャプションを選択し❶、[キャプション] タブで [キャプションを結合] ボタンをクリックします❷。

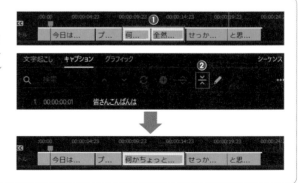

[キャプション] パネルで結合したいキャプションを選択してもできます。

⑤　キャプションを分割できました。

⑥　同様にほかのキャプションも分割や結合を行って、調整します。

キャプションは自動的に生成されるので、環境によって区切られ方が違います。

キャプションのデザインを変更する

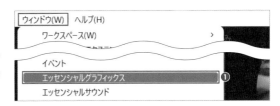

［エッセンシャルグラフィックス］パネルでキャプションのフォントや影などの装飾を変更することができます。

①　［ウィンドウ］メニューから［エッセンシャルグラフィックス］を選択します❶。

②　任意のキャプションを選択し❷、再生ヘッドをそのキャプションが表示される位置にドラッグします❸。

どのキャプションでもOKです。

③　［エッセンシャルグラフィックス］パネルでテキストのデザインを調整します。ここではフォントや［シャドウ］の［不透明度］を変更しました。

テキストの書式変更 ➡ 98ページ

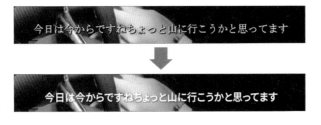

テキストのスタイルを作成する

前のページで変更したデザインをほかのキャプションにも適用させるために「スタイル」を作成します。

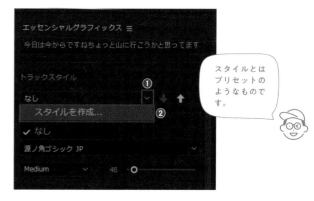

スタイルとはプリセットのようなものです。

① [エッセンシャルグラフィックス]パネルで[トラックスタイル]の⌄をクリックし❶、[スタイルを作成]を選択します❷。

② [新規テキストスタイル]ダイアログボックスが表示されるのでスタイルの名前を入力し❸、[OK]ボタンをクリックします❹。
ここでは「Base Caption」としました。

できた！ ほかのキャプションにも変更したデザインが適用されました。

もっと知りたい！

● キャプションにエフェクトを適用したい場合は？

キャプションにはエフェクトを適用することができません。そこでキャプションを通常のグラフィッククリップに変換する必要があります。

① 変換したいキャプションを選択し❶、[グラフィックとタイトル]メニューから[キャプションをグラフィックにアップグレード]を選択します❷。

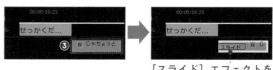

[スライド]エフェクトを適用

② 選択したキャプションがグラフィッククリップに変換され、別のトラックに配置されます❸。このグラフィッククリップに好きなエフェクトを適用しましょう。

横からスライドして出てくるキャプションが完成

CHAPTER 4

#リミックスツール

動画に合わせてBGMの長さを自動的に調整しよう

LESSON 20

動画でもチェック!

https://dekiru.net/
yprv2_420

練習用ファイル
4-20.prproj

リミックス機能を使うと、BGMなどサウンドのデュレーション(長さ)を自動的に調整できます。

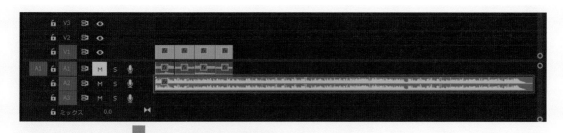

通常、サウンドのクリップを映像クリップに合わせて編集しようとすると、トリミングしたり、違和感がないようにつなぎ合わせたり、フェードアウトさせたりといった作業が必要です。リミックス機能を使うと、これらの作業を自動的に行い、適切なデュレーションに編集することができます。ここでは[リミックスツール]でBGMのデュレーションを変更したあと、さらにリミックスの内容をカスタマイズする方法を紹介します。

リミックス機能を使う

[リミックスツール]でクリップのデュレーションを変更すると、映像クリップに合わせてBGMの長さが調整できます。

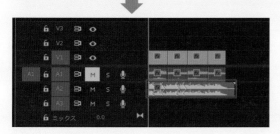

① 練習用ファイル「4-20.prproj」を開きます。[ツール]パネルにある[リミックスツール]を選択します❶。

② BGMクリップの右端を映像クリップと同じ長さまでドラッグします❷。

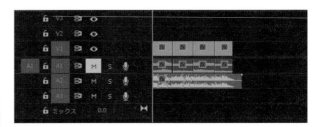

③ BGMクリップのデュレーションが短くなりました。再生して編集された内容を確認しましょう。

映像クリップとぴったり同じ長さではありませんが、映像の終わりに合わせて音量がだんだんと小さくなっているのがわかります。結果に満足がいかない場合は何度でも調整できます。

ここがPOINT

ジグザグ線は編集点

リミックス機能を使い編集したあとのBGMクリップを確認するとジグザグ線が表示されています。これはもとのBGMから編集した位置（編集点）を示しています。

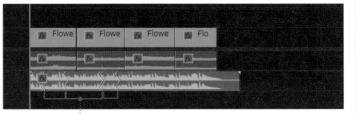

編集点

リミックスの内容を調整する

［リミックスツール］を使うと［エッセンシャルサウンド］パネルが表示されます。ここでリミックスのデュレーションを任意の長さに調整したり、編集点の数を増やしたりできます。

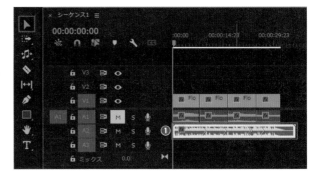

① デュレーションを変更してみましょう。
［選択ツール］に切り替え、BGMクリップを選択します①。

もちろん［リミックスツール］だけで満足のいく結果になれば、調整の必要はありません。

② ［エッセンシャルサウンド］パネルの［デュレーション］の［ターゲットデュレーション］を少し短くします。ここでは「00:00:32:04」から「00:00:30:00」に変更しました②。

できた！デュレーションが短くなりました。

設定したデュレーションよりも±5秒異なる場合があるので、実際に再生しながら、何度か試してみましょう。

もっと
知りたい！

●［デュレーション］のほかの機能について知ろう

［デュレーション］では、編集点の増減やサウンドの種類に合わせた細かな調整ができます。

❶補間方法
通常は［リミックス］がオンになっています。［ストレッチ］をオンにすると、デュレーションの範囲内でサウンドを伸縮します。もとのデュレーションから短くすると、その分サウンドが早送りになり、長くするとスローになります。

❷セグメント
［セグメント］とは編集点のことを表しており、編集点を増やしてより複雑なリミックスにしたい場合は、数値を上げます。

❸バリエーション
［バリエーション］はサウンドの種類によって調整する機能です。ソロ楽器などを使用したサウンドは数値を下げ（［メロディック］よりに）、オーケストラなどのハーモニーが特徴のサウンドは数値を上げる（［倍音］よりに）すると、自然なリミックスになります。

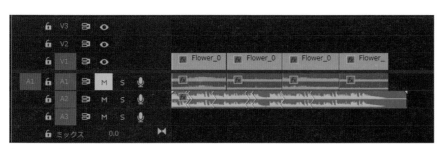

［セグメント］の数値を上げると編集点が増える

カメラトランジションに挑戦しよう

本書でもいくつかPremiere Proのエフェクトを紹介していますが、ここではちょっと休憩がてらスマホでトライできる簡単で楽しいトランジションを紹介します。
今回紹介するのは、カメラの撮り方を工夫してつくるトランジションです。

見たことがある人も多いと思いますが、撮影時に被写体側がカメラレンズを手で覆って、手をどかしたら次のカット（違う場所など）に移動しているという演出です。
Premiere Pro上での作業はクリップの配置だけなのでとても簡単です。この方法も場面転換という意味で立派なトランジションです。Premiere Proのエフェクトとは違い、手振れなども加わることで、アナログ感も楽しめるトランジションになります！
方法はとても簡単です。1つ目の動画は、最後に手でカメラを覆ったところで撮影を止める、2つ目の動画は手でカメラを覆った状態で撮り始めます。あとはその2つの動画をPremiere Proでつなぐだけです。

カメラを上下左右に振るだけでも面白いトランジションをつくれます。
たとえばカメラを下に振ってアウト（撮影ストップ）→次のカットで（撮影スタート）上から下に振ってインという流れでつないでも面白いです。こんな動画はどうでしょうか。
（山などで）被写体が岩からジャンプする。→着地に合わせてカメラを上から下に振る。（次は海でのカット）水に着水する様子で、上から下にカメラを振って水にドボンと着水する様子を撮る。
これをつないでみると、ジャンプした場所は山なのに、着地したら海に一気に場面転換したというとても面白い動画をつくることができます。

スムーズにカメラトランジションを行うには、アウトとインのカメラを振った方向を統一することが大事です。この方向性さえつながっていれば、クリップをつないだときに、予期せぬ面白い演出を生み出せます。
上下左右だけではなく、カメラを回転させてアウトとインをつなぐなどぜひ自由にいろいろ試してみてください。

●カメラを手で覆ってつくるトランジション
下の画像は、手で覆うタイプのトランジションの実例です。上の列の動画は屋外で撮影し、カメラを手で覆ったところで撮影を止め、下の列の動画は屋内で撮影し、カメラを手で覆ったところから撮影しています。
2つの動画をつなげると、一瞬で屋外から屋内に移動したような演出ができます。

CHAPTER 5

クオリティをアップする！
こだわり演出手法

エモーショナルな動画をつくるさまざまな演出テクニックを解説します。
シネマライクに仕上げるカラー調整の方法やライトリークスを使った光の演出など、
クリエイティブな動画のつくり方がわかります。

CHAPTER 5

LESSON
1

#調整レイヤー #マスク #HSLセカンダリ

特定のアイテムを目立たせる CM風動画をつくろう

CMなどで見たことがあるような、特定のカラーだけを目立たせる演出の方法を紹介します。

動画でも
チェック!

https://dekiru.net/
yprv2_501

練習用ファイル
5-1.prproj

特定の色を目立たせるために、背景をモノクロで表現する演出です。[HSLセカンダリ]
とマスクを使って、背景とビールそれぞれの効果の範囲を限定します。背景をモノクロ
にするだけでなく、コントラストや彩度を調整して、アイテムがより際立つように工夫
しましょう。

2つの調整レイヤーを作成する

ここでは目立たせたいビールと、モノクロに
する背景とで異なる効果を適用します。そ
のため調整レイヤーを2つ用意しましょう。
このレッスンでは色の変化がわかりやすい
[00:00:08:07]の位置で操作を進めていきます。

(1) 練習用ファイル「5-1.prproj」を開き、
再生ヘッドを[00:00:08:07]の位置に
移動します❶。

(2) [V2]トラックに調整レイヤーを作成
し、デュレーションをもとから配置し
てあるクリップと同じ長さにします❷。
調整レイヤーの作成 ➡ 138ページ

[カラー]ワークス
ペースで操作しま
しょう。

③ [V2]トラックの調整レイヤーを選択し、[Alt]([option])キーを押しながら[V3]トラックにドラッグします❺。

④ 調整レイヤーが複製できました❹。

⑤ 区別するためにそれぞれの調整レイヤーに名前をつけましょう。[V3]トラックの調整レイヤーを右クリックし❺、[名前を変更]を選択します❻。

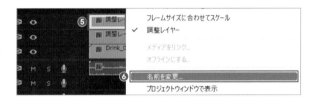

⑥ [クリップ名の変更]ダイアログボックスが表示されるので名前を入力し❼、[OK]ボタンをクリックします❽。ここではビール用の調整レイヤーとして「beer」としました。

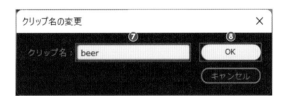

⑦ 同様の手順で、[V2]トラックの調整レイヤーの名前も変更します。ここではビール以外の背景用の調整レイヤーとして「other」とします❾。

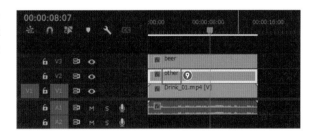

特定の色を選択する

第4章のレッスン14でも使用した[HSL セカンダリ]を使ってビールの色だけを選択しましょう。

① [beer]調整レイヤーを選択します❶。

195

② ［Lumetriカラー］パネ
ルの［HSL セカンダリ］
を開き、スポイトを選
択し❷、ビールの色をク
リックします❸。

③ ［カラー/グレー］に
チェックを入れると❹、
選択された箇所以外が
グレーで表示されます。

クリックした部分と同
じ色の部分だけが表示
されている状態です。

選択範囲を調整する

ビールの泡なども選択されるようにH（色相）、S（彩度）、L（輝度）のスライ
ダーを調整します。より自然な選択範囲をつくるために、［ノイズ除去］と
［ブラー］の値も調整しましょう。

色の薄い泡などが選択
されるようにS（彩度）
とL（輝度）の範囲を拡
大するとよいでしょう。

① 下図を参考に［HSL セカンダリ］のスライダーを調整します❶。

HSL セカンダリの使い方 ➡ 160ページ

ビールと似た色合いの
背景も選択されますが
大丈夫。まずはビール
の細かいところまでが
選択されるように調整
しましょう。

②
［ノイズ除去］と［ブラー］のスライ
ダーもやや右にドラッグします❷。選
択範囲ができたら［カラー/グレー］の
チェックを外しておきましょう❸。

マスクを作成する

背景の一部も選択されている状態なので、選択
範囲をビールカップ内に限定するためにマス
クを作成します。ビールカップを囲むように
マスクをつくりましょう。

> ペンマスクは［不透明度］に
> もあるので間違えないよう
> に注意しましょう。

①
［beer］レイヤーを選択した状態で［エ
フェクトコントロール］パネルを開き、
［Lumetriカラー］の［ベジェのペンマ
スクの作成］をクリックします❶。

②
マスクはモニターからはみ出すようにして描くので、［ズームレベルを選択］を
［25%］にします❷。マウスポインターがペンの形であることを確認し、カップ
を縁取るようにクリックして点を打っていきます❸。ぐるりと一周し、最後に
描き始めの点をクリックするとマスクが完成します。

> カップの底も
> だいたいの予
> 測で、点を打ち
> ましょう。

> 角度が変わる
> ところに点を
> 打つイメージ
> です。

縁取るようにクリックしていく

③
より自然に見せるためにマスクの境界線を少しぼかしておきましょう。［エフェ
クトコントロール］パネルにある［マスクの境界のぼかし］を「45.0」くらいに設
定しておきます❹。

マスクの境界線がぼける

マスクを追従させる

映像の動きに合わせてマスクが追従するようにトラッキングをかけます。再生ヘッドの位置以降の部分と、前の部分の両方をトラッキングしましょう。

① [エフェクトコントロール] パネルの [マスクパス] の [選択したマスクを順方向にトラック] ボタンをクリックします❶。
トラッキングが終了すると、連続したキーフレームが作成されます❷。

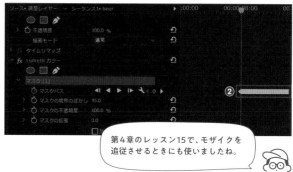

第4章のレッスン15で、モザイクを
追従させるときにも使いましたね。

② 再生ヘッドを [00:00:08:07] の位置に戻し❸、[選択したマスクを逆方向にトラック] ボタンをクリックします❹。

─ ここがPOINT ─

順方向と逆方向の違い
[選択したマスクを順方向にトラック] は再生ヘッドの位置以降をトラッキングする機能、[選択したマスクを逆方向にトラック] は再生ヘッドの位置より前をトラッキングする機能です。

③ トラッキングが終わったら再生ヘッドをドラッグして、マスクが追従しているか確認しましょう。

映像の動きに合わせてマスクの位置が変わっていることがわかる

─ ここがPOINT ─

マスクが追従していない場合は？
トラッキングがうまくいかなかった場合は、マスクがずれてしまったところからキーフレームを削除し、数フレームごとにマスクを正しい位置に移動して、キーフレームを作成しましょう。

マスクを手動で動かす ➡ 167ページ

マスクがずれてしまっている

マスクを手動で
動かしてキーフレームを作成

背景用のマスクを作成する

背景用の調整レイヤーにマスクを作成します。ここまでに作成したビールカップのマスクを利用してマスクを作成します。

① [エフェクトコントロール]パネルの[Lumetriカラー]を選択し❶、Ctrl（⌘）+ C キーを押してコピーします。

② タイムラインの[other]調整レイヤーを選択し❷、Ctrl（⌘）+ V キーを押してペーストします。

③ [other]調整レイヤーを選択した状態で[エフェクトコントロール]パネルを確認すると[Lumetriカラー]が追加されています❸。[other]調整レイヤーではビールカップ以外の部分にマスクを作成したいので、[反転]にチェックを入れます❹。

背景をモノクロにする

背景の彩度を調整してモノクロにします。

① [other]調整レイヤーを選択した状態で[Lumetriカラー]パネルの[基本補正]にある[彩度]を「0.0」にします❶。

② 背景がモノクロになりました。

ここで完成でもよいですが、次のページでもうひと工夫加えてみましょう。

メリハリをつけて印象づける

背景がぼんやりした印象なので、少しコントラストを
強くします。さらに、ビールの彩度を上げて、あざやか
にしましょう。

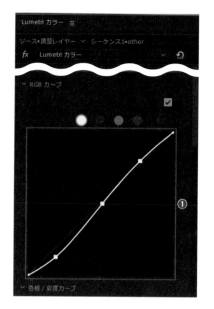

① [other] 調整レイヤーを選択した状態で
[Lumetriカラー] パネルの [カーブ] にある
[RGB]カーブを図のように調整します❶。

RGBカーブの調整 ➡ 90ページ

> ハイライトを上げて、シャドウ
> を下げることでコントラストが
> 強くなるのでしたね。

② 背景のコントラストが強くなりました。

③ [beer] レイヤーを選択し、[Lumetriカラー]
パネルの [HSL セカンダリ] にある彩度のス
ライダーを右にドラッグします❷。ここでは
「150.0」に設定しました。

> [HSLセカンダリ] の
> [彩度] は選択範囲に
> だけ適用されます。

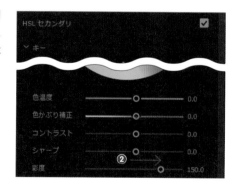

できた！ ビールが引き立って、よりおいしそう
に見えるCM風動画ができました。

CHAPTER 5

#HSLセカンダリ #色相vs彩度 #色相vs色相

LESSON
2

シネマライクな色調の動画を つくろう

動画でも
チェック！

https://dekiru.net/
yprv2_502

練習用ファイル
5-2.prproj

撮影した動画を、実際の映画などでよく使われるティール＆オレンジのカラーに調整する方法を紹介します。

ここではカラーを調整することによって非現実的で作品性の高い映像に仕上げる作業を行っていきます。肌の色だけをオレンジ色に、そのほかの色をティール（青緑色）に寄せて、映画などでもよく見かけるカラー調整を練習してみましょう。［カラーホイールとカラーマッチ］や［HSL セカンダリ］のカラーホイールを使って色を調整していきます。
さらに［色相/彩度カーブ］で微調整しましょう。

知りたい！

● ティール＆オレンジとは？

ティール＆オレンジとは青緑色とオレンジを強調した色合いのことです。肌などのスキントーンをオレンジ、背景をオレンジの補色であるティール（青緑色）にすることで、色にメリハリがつき、より人物が引き立つ効果が得られます。映画で見かけるようなカラー表現なのでぜひ試してみましょう。

ティール　　　　オレンジ

肌の部分を選択する

まずは肌の色を選択しましょう。前のレッスンと同様に [HSL セカンダリ] を使います。

① 練習用ファイル「5-2.prproj」を開きます。あらかじめ調整レイヤーが作成されているので、調整レイヤーを選択し①、[HSL セカンダリ] のスポイトで肌の色をクリックします②。

第4章のレッスン14でも同じように肌の色を選択しましたね。

② [カラー/グレー] にチェックを入れます③。

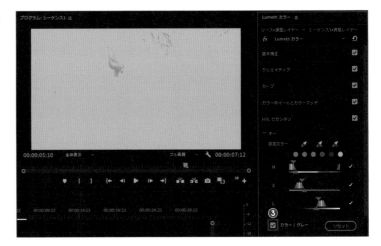

③ 右図を参考に [HSLセカンダリ] のHSLそれぞれの範囲④や [ノイズ除去] [ブラー] ⑤を肌が全体的に選択されるように調整しましょう。

④ 肌の部分が選択されました。選択できたら[カラー/グレー]のチェックを外します。

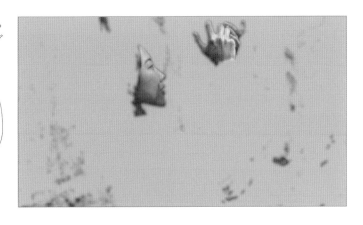

完全に肌の部分だけを選択するのは難しいです。背景の部分も少し含まれていますが、この程度でしたら問題ありません。

■ 背景を全体的にティールに寄せる

カラーホイールを使って背景をティール（青緑色）に寄せていきます。

① [Lumetriカラー]パネルの[カラーホイールとカラーマッチ]を展開します。[シャドウ]と[ハイライト]のカラーホイールで+を青方向（右下）に少しだけドラッグします❶。

背景はシャドウとミッドトーンが多いので、この2つのカラーホイールを調整します。ホイールは少し調整するだけで大きく色が変化するので、+のドラッグは気持ち程度で大丈夫です。

② 全体がティール寄りになりました。

― ここがPOINT ―

効果のかかり具合を確認する

カラーの調整具合を確認したい場合は［Lumetriカラー］パネルの  をクリックします。fxをクリックすると［fx］に斜線が引かれ、効果が無効になり、カラーを調整する前の状態が確認できます。効果の有無をワンクリックで切り替えられるので便利です。

効果が有効の状態

効果が無効の状態

肌の色をオレンジに寄せる

次に［HSL セカンダリ］で肌の色だけをオレンジ色に寄せましょう。

① ［HSL セカンダリ］の［修正］にある ■ をクリックします❶。
［ミッドトーン］と［ハイライト］のカラーホイールで＋をオレンジ（左上）に少しだけドラッグします❷。
［HSL セカンダリ］のカラーホイールの使い方 ➡ 162ページ

> 背景をティール（右下）方向に調整したので、それとは反対のオレンジ（左上）方向に調整するイメージですね。

② ［HSL セカンダリ］で選択した肌の色だけがややオレンジ色寄りになりました。

特定の色相を調整する

[色相/彩度カーブ]を使うとさらにピンポイントでカラーを調整できます。ここでは映像の青色の部分の彩度を上げ、さらに色相を少しだけ黄緑色に寄せてみましょう。

① ちょっと！ [Lumetriカラー]パネルの[カーブ]を展開します。[色相/彩度カーブ]の[色相vs彩度]の青い部分をクリックし点を打ちます❶。さらにその両端に点を打ちます❷。

変化をつけたい色相に点を打ちます。

② 真ん中の点を上にドラッグすると❸、その部分だけ彩度が上がります。

─ ここがPOINT ─

点を打って調整範囲を限定する

3つの点を打ったのは、調整範囲を限定するためです。この場合、調整したい色相の両端に点を打つことでほかの色相が変化するのを防いでいます。

········ この範囲の色相の彩度が上がる

[色相vs彩度]
横軸が色相で、縦軸が彩度

③ 次に[色相vs色相]も同様に調整しましょう。青色の部分に点を打ち、その両端に点を打ちます❹。
真ん中の点を上にドラッグして❺、縦軸の色相のうち黄緑色に寄せます。

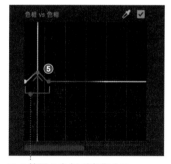

[色相vs色相]
横軸も縦軸も色相

········ この範囲の色相が変化する

＼できた！／ 色にメリハリがつきシネマライクなカラーに調整できました。

カラーグレーディングに正解はありません。つくりたい作品の雰囲気に合わせていろいろ試してみましょう。

CHAPTER 5

LESSON **3**

#ライトリークス

光が入り込んだやわらかな
雰囲気の動画をつくろう

動画でも
チェック!

https://dekiru.net/
yprv2_503

練習用ファイル
5-3.prproj

動画に「ライトリークス」と呼ばれる木漏れ日の光のような素材を追加することで、ノスタルジックな雰囲気になります。

ライトリークスの素材をクリップの上に重ねることで、やわらかい雰囲気やあたたかな雰囲気、幻想的な雰囲気など、さまざまなイメージの動画に仕上げることができます。ここでは、アジサイのクリップにライトリークスをかけて、夕暮れの雨上がりにやわらかな日差しが広がるような演出をしてみましょう。

ライトリークスはAdobe After Effectsでエフェクトを駆使して作成できるほか、素材配布サイトなどからダウンロードすることもできます。

✂ 知りたい！

● ライトリークスとは？

ライトリークス（Light leaks）とは、光が漏れた効果のことを指します。もともとはフィルムを現像中に誤って光を当ててしまったのがはじまりといわれており、それを逆手にとって印象的な光の効果を演出するようになりました。ここでは、ライトリークスを素材（クリップ）として用意しています。

ライトリークスの素材

ライトリークスを配置する

まずは［プロジェクト］パネルから、ライトリークスの素材をクリップ上に配置しましょう。

(1) 練習用ファイル「5-3.prproj」を開き、［Light Leaks_01.mp4］をタイムラインの
［V2］トラックにドラッグ＆ドロップします❶。位置は「00:00:02:05」とします。

クリップの不透明度を変更する

ためしにライトリークスをかけた少し前から再生してみましょう。ライトリークスの部分で、［V1］トラックの実写クリップが隠れてしまいます。これはライトリークスクリップを［V2］トラックに配置したためです。［V1］トラックのクリップ（実写クリップ）が透過するように、ライトリークスのクリップの不透明度を調整します。

(1) タイムラインのライトリークスを選択します❶。

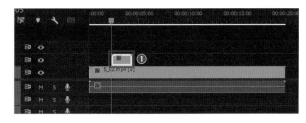

(2) ［エフェクトコントロール］パネルを開き❷、［不透明度］❸の［描画モード］の▼をクリックして❹、［スクリーン］を選択します❺。

― ここがPOINT ―

クリップを透過させる

標準では素材そのままの見え方ですが、描画モードを変更することで素材の見え方を変更できます。ここでは素材を半透明な状態にして下のトラックのクリップが見えるようにしたいので、描画モードを［スクリーン］にします。

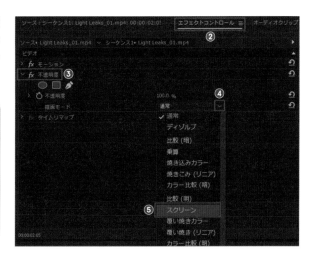

③ ライトリークスのクリップが透過し、実写クリップが見えるようになったことを確認します。

④ この状態だと、光が強すぎるので、透過度を高くしてやわらかい印象にします。[不透明度]のストップウォッチがオフ（🕐）になっていることを確認し❺、[不透明度]を「50.0」%に変更します❻。

> ストップウォッチがオンのまま入力すると、キーフレームが作成されてしまい、不透明度のアニメーションがついてしまいます。

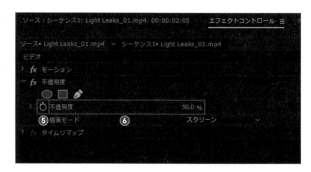

⑤ 光がやわらかい印象になったことを確認します。

ライトリークスの色を調整する

今回は、夕暮れの日差しを浴びた様子を演出するため、ライトリークスの色味をオレンジがかった色に調整していきます。

① [エフェクト]パネル❶から[ビデオエフェクト]→[カラー補正]→[Lumetri カラー]をライトリークスクリップにドラッグ＆ドロップします❷。

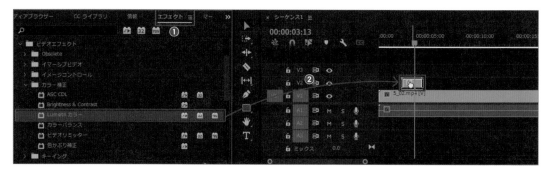

② ［エフェクトコントロール］パネルを
開き❸、［Lumetriカラー］❹→［カラー
ホイールとカラーマッチ］の［>］を
クリックします❺。

> カラーホイールが表
> 示されるように、パ
> ネル内をスクロール
> しておきましょう。

③ ［シャドウ］［ミッドトーン］
［ハイライト］のホイールを動
かしていきます。今回は夕陽
のような色合いに近づけるた
め、［シャドウ］❻と［ハイライ
ト］❼を中心から離れた左上の
オレンジ、［ミッドトーン］を
中心から少し左上のオレンジ
あたりにドラッグしました❽。

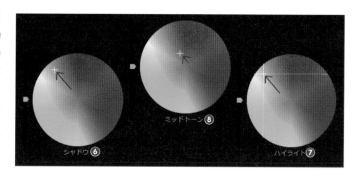

ライトリークスの明るさを調整する

ハイライト部分をさらに明るく、シャドウ部分をさらに暗くしてメリハリをつけます。
RGBカーブを調整していきましょう。

① ［エフェクトコントロール］パネルの
［Lumetriカラー］の［カーブ］の［>］を
クリックします❶。

② RGBカーブが表示されたら、右の画像を
参考にハイライト、ミッドトーン部分を
上方向にドラッグし❷❸、シャドウ部分
を下方向にドラッグします❹。

　　　　　　　RGBカーブの詳細 ➡ 90ページ

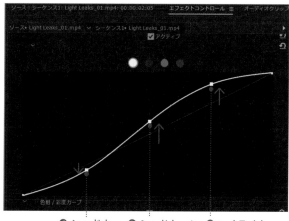

❹ シャドウ　　❸ ミッドトーン　　❷ ハイライト

ライトリークスがなめらかに始まるようにする

ライトリークスがかかったタイミングで画面全体の色味が突然変わってしまう場合があります。このような場合は、ライトリークスにフェードインをかけることで、なめらかに変化させられます。

Ctrl + D キーはクロスディゾルブのショートカットキーでしたね。

① ライトリークスのクリップが選択されていることを確認し❶、Ctrl + D キーを押します。

② ライトリークスのクリップにクロスディゾルブが適用されたことを確認します❷。

できた！ 自然の光が入り込んだやわらかな雰囲気に仕上がりました。

● イメージに合ったライトリークスを使おう

このレッスンでは、光がふわりと浮かび上がるようなライトリークスを使いました。本書では購入特典として125本のライトリークス素材を用意しています。つくりたい動画のイメージに合わせて、いろいろと試してみましょう。

CHAPTER 5
LESSON 4

#ライトリークス

光があふれる
幻想的な動画をつくろう

動画でも
チェック！

https://dekiru.net/
yprv2_504

練習用ファイル
5-4.prproj

レッスン3で解説したライトリークスを複数配置することもできます。こうすることでより幻想的な雰囲気の動画にできます。

2つのライトリークスを時間差で追加します。それぞれにフェードイン／フェードアウトの効果をつけ、光が飛び交っているような印象に仕上げていきます。

エフェクトのような素材を複数重ねることはよくやる手法です。重ねてみることで思わぬ発見や演出に出会えることもよくあります！

ライトリークスを複数重ねる

本レッスンの練習用ファイルには、あらかじめ［V2］トラックにライトリークスクリップが挿入してあります。ここでは、［V3］に別のライトリークスクリップを追加します。

① 練習用ファイル「5-4.prproj」を開き、［Light Leaks_02.mp4］をタイムラインの［V3］トラックにドラッグ＆ドロップします❶。1つめの［Light Leaks_01.mp4］の中間くらいから始まるように位置を調整します。

［Light Leaks_01.mp4］の中間

ライトリークスを調整する

① [V3]トラックのライトリークスクリップをクリックし、208ページを参考に[不透明度]を変更していきます。ここでは[不透明度]を「70.0」%❶、[描画モード]を[スクリーン]にします❷。

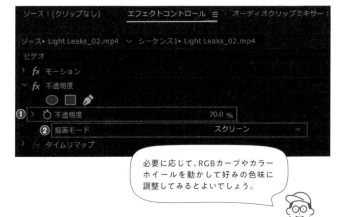

> 必要に応じて、RGBカーブやカラーホイールを動かして好みの色味に調整してみるとよいでしょう。

ライトリークスをフェードイン／フェードアウトさせる

より自然な演出になるようにライトリークスに「クロスディゾルブ」のエフェクトをかけてフェードイン／フェードアウトさせます。

① [V2]トラックのライトリークスを選択し❶、Ctrl + Dキーを押します。同様に[V3]トラックのライトリークスを選択して❷、Ctrl + Dキーを押します。

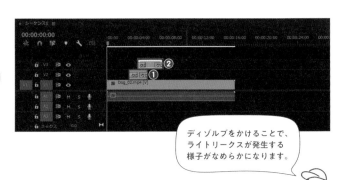

> ディゾルブをかけることで、ライトリークスが発生する様子がなめらかになります。

＼ できた！／ 光が飛び交う幻想的な雰囲気の動画ができました。

ここがPOINT

「ディゾルブ」を使いこなそう

ここまでに何度も登場したエフェクトに「クロスディゾルブ」があります。ディゾルブ（dissolve）とは「溶かす」という意味で、文字通り、映像が溶け込むようにして切り替わる効果のことです。Premiere Proには「ディゾルブ」だけで7種類のエフェクトが用意されていますが、よく使うのはクロスディゾルブです。クロスディゾルブはこれまでも説明したように、前のクリップをフェードアウトしながら次のクリップがフェードインするエフェクトです。似た名称のエフェクトに「ディゾルブ」があります。「ディゾルブ」は、前のクリップと次のクリップのカラー情報をブレンドして切り替わる効果です。そのためもともとの英単語の意味に近い、映像が溶け込むような効果が得られます。Premiere Proは何度でもやりなおしができるので、いろいろなディゾルブを試して、ベストな演出効果を狙いましょう。

CHAPTER 5

LESSON 5

#ライトリークス #トランジション

光の演出で
シーンを切り替えよう

動画でもチェック！
https://dekiru.net/yprv2_505

練習用ファイル
5-5.prproj

レッスン3や4で使ったライトリークスは、場面転換のトランジションとしても活用することができます。

シーン1

シーンが切り替わる直前にライトリークスが出現し、光が収まると同時にシーンが切り替わる演出です。より自然な切り替わりになるように、光の大きさや速度を調整していきます。

ライトリークスのトランジション

シーン2

ライトリークスを配置する

シーンが切り替わる位置にライトリークスを配置します。ライトリークスの光が一番
強くなる箇所をクリップのつなぎ目に合わせるようにします。

① 練習用ファイル「5-5.prproj」を開き、[プロジェクト] パネルの [Light
Leaks_03.mp4] を、タイムラインの [V2] トラックにドラッグ＆ドロップしま
す❶。ドロップする位置は、[V1] トラックのクリップのつなぎ目です。

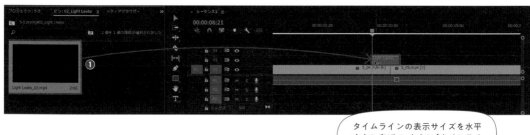

> タイムラインの表示サイズを水平
> 方向に広げて、さらに [タイムライ
> ンをスナップイン] をオフにすると
> 操作がしやすいです。

② 再生ヘッドを動かして一番
光が強くなる瞬間を探し、
そのタイミングとクリップ
のつなぎ目がそろうように
ライトリークスのクリップ
を微調整します。ここでは
ライトリークスのイン点が
「00:00:08:21」となる位置
に配置しています。

光が一番強くなる瞬間

「00:00:08:21」

ライトリークスの描画モードを変更する

ライトリークスの [描画モード] を変更して下のクリップが見えるようにします。

① タイムラインのライトリークス
クリップを選択し、[エフェク
トコントロール] パネルを開き
ます❶。[不透明度]→[描画モー
ド] を [スクリーン] に変更しま
す❷。

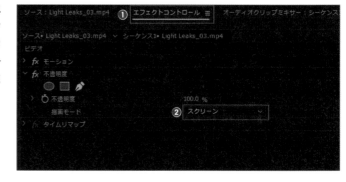

> 不透明度のストップ
> ウォッチアイコンは
> オフにしておきま
> しょう。

② ライトリークスが透けて下のクリップが見えるようになりました。再生して
みると、シーンが切り替わるタイミングで光が右から左へ移動しているのがわ
かります。

光の範囲を大きくする

シーンが切り替わるタイミングでライトリークスがより鮮明になるように、[(RGB)
White Input Level]のキーフレームを作成していきます。

① [エフェクト]パネルを開き❶、[ビデオエフェクト]→[色調補正]→[Levels]
をライトリークスクリップにドラッグ＆ドロップします❷。

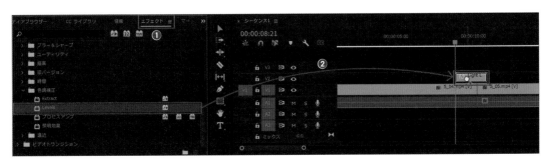

② [エフェクトコントロール]パネルを開きます❸。再生ヘッドをクリップが切り
替わるタイミングに移動し❹、[(RGB) White Input Level]のストップウォッ
チアイコンをクリックします❺。キーフレームが作成されるので❻、数値を「40」
に設定します❼。光の範囲が広がりました。

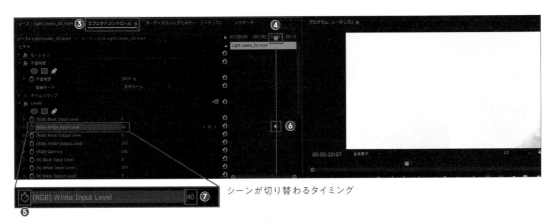

シーンが切り替わるタイミング

③ 再生ヘッドを光が右端に出始めたタイミング（00:00:09:11あたり）に移動し❽、
[（RGB）White Input Level]を「255」に設定します❾。

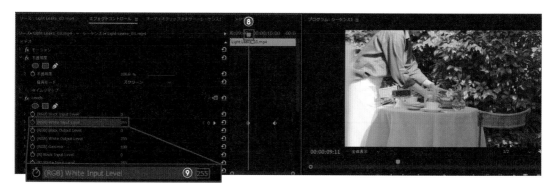

④ 再生ヘッドを光が左端に消えるタイミング（00:00:10:19あたり）に移動し❿、
[（RGB）White Input Level]を「255」に設定します⓫。

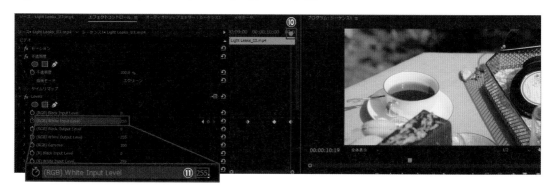

シーンの切り替えにエフェクトを適用する

シーンの切り替わりは光で覆われていますが、映像クリップにもエフェクトをかけて、
より自然な切り替わりを演出します。

① クリップのつなぎ目を右ク
リックし❶、[デフォルトのト
ランジションを適用]をクリッ
クします❷。

② クロスディゾルブが適用され
ました❸。

トランジションのデュレーションを変更する

適用したエフェクトの継続時間を短くします。

① ［クロスディゾルブ］をダブルクリックします❶。

> マウスポインターの形が白い矢印にならない場合は、タイムラインの表示を水平方向に拡大しましょう。

② すると［トランジションのデュレーションを設定］ダイアログボックスが表示されるので、「00:00:00:15」と入力して❷、［OK］ボタンをクリックします❸。

ライトリークスの速度とデュレーションを変更する

ここからクオリティをアップするために、もうひと手間加えましょう。ライトリークスの動きがやや遅く、シーンの切り替えに時間がかかっているので、速度を上げて継続時間を短くします。

① ライトリークスクリップを右クリックし❶、［速度・デュレーション］をクリックします❷。

② ［速度］に「150」と入力し❸、［OK］ボタンをクリックします❹。

> ［デュレーション］は速度とリンクしているので、自動で変更されます。

217

③ ライトリークスのクリップが短くなりました。

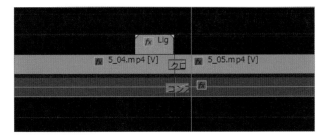

④ 光が強くなるタイミングでシーンが切り替わるように、ライトリークスを再度クリップの境目に移動します❺。

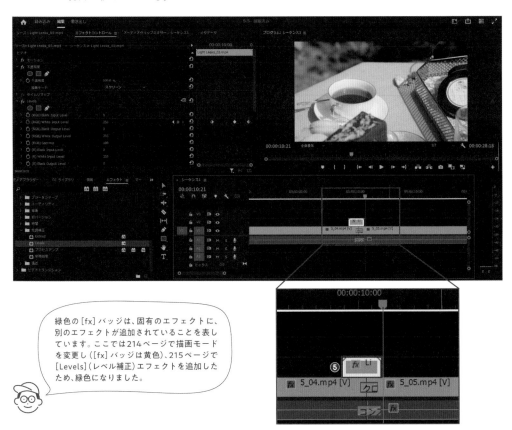

緑色の [fx] バッジは、固有のエフェクトに、別のエフェクトが追加されていることを表しています。ここでは214ページで描画モードを変更し（[fx] バッジは黄色）、215ページで [Levels]（レベル補正）エフェクトを追加したため、緑色になりました。

＼ できた！／ 動画を再生してみましょう。光が通りすぎるタイミングに合わせてシーンが切り替わっていれば完成です。

CHAPTER 5

LESSON 6

#ノイズ #フレームレート #ストロボ

フィルム風の動画をつくろう

動画でも
チェック！

https://dekiru.net/
yprv2_506

練習用ファイル
5-6.prproj

ミュージックビデオやプロモーション映像などでよく見かける、8mmフィルムで撮られたようなレトロな質感の表現方法を解説します。

さまざまなエフェクトを重ねて雰囲気のある動画をつくります。ノイズやストロボの追加、フレーム数を減らすなどして8mmフィルムの画質に近づけて、さらにフィルムらしさを出すために黒いフレームの素材も加えることで、よりリアルな質感を再現しましょう。

ノスタルジックな雰囲気で、回想シーンなどでもよく使われる演出ですね！

ノイズを加えてざらつきを出す

まずは全体にノイズを加えましょう。指定した色やサイズで、ノイズが自動でアニメーションされる［ノイズHLSオート］という機能を使います。

① 練習用ファイル「5-6.prproj」を開きます。［エフェクト］パネル❶の［ビデオエフェクト］→［Obsolete］にある［Noise HLS Auto］を、クリップにドラッグ＆ドロップします❷。

② ［エフェクトコントロール］パネル❸の［Noise HLS Auto］を開きます❹。ここではやや明るめの細かいノイズを加えたいので次のような設定にします。

❺ ノイズ……「粒状」
❻ 明度……「6.0%」
❼ 粒のサイズ……「0.15」

> 明度の数値は高いほど、濃い色になります。ノイズの種類などいろいろと変えて、動作を確認してみるとよいでしょう。

③ 全体にざらつきが出たことを確認します。

コマ送り風の動きにする

8mmフィルムを再現するためにフレームレートを減らし、なめらかだった動きをやや粗くしていきます。フレームレートを減らすには、「ポスタリゼーション時間」というエフェクトを使用します。ここでは24フレームから18フレームに減らしてみます。

> エフェクトを多用していると、PCに負荷がかかりなかなかスムーズに再生されません。そんなときは144ページを参考に「インからアウトをレンダリンク」してみましょう。

① ［エフェクト］パネル❶の［ビデオエフェクト］→［時間］にある［ポスタリゼーション時間］を、クリップにドラッグ＆ドロップします❷。

② ［エフェクトコントロール］パネル❸の［ポスタリゼーション時間］を開き❹、［フレームレート］を「18.0」に変更します❺。

─ ここがPOINT ─

ポスタリゼーション時間とは？

画像編集ソフトなどでポスタリゼーションというと、色の階調を減らす機能を表します。Premiere Proのポスタリゼーション時間は、フレームレートを変化させる機能となります。工夫次第で動画の演出効果として利用できます。

③ ［再生］ボタンをクリックし、動きになめらかさがなくなったことを確認します。

動画にチラつきを加える

古いフィルム映像によく見られる、画面の黒いチラつきを表現します。「ストロボ」といういエフェクトを使って、一定間隔で画面が瞬間的に黒くなるようにします。

① ［エフェクト］パネル❶の［ビデオエフェクト］→［スタイライズ］にある［ストロボ］を、クリップにドラッグ＆ドロップします❷。

② ［エフェクトコントロール］パネル❸の［ストロボ］を開きます❹。黒いチラつきを高速で表示させたいので❺のような設定にします。

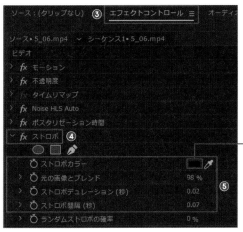

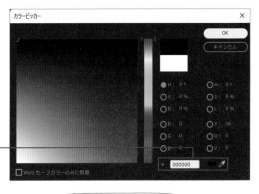

❺ストロボの設定

ストロボカラー .... 「黒（# 000000）」
元の画像とブレンド .... 「98」%
ストロボデュレーション（秒）.................. 「0.02」
ストロボ間隔（秒）...................................... 「0.07」

> このエフェクトはストロボのようにチカチカする表現を加えることができます。今回は8mmフィルム風なので、ストロボの白い発光ではなく、シャッターで一瞬光が遮断されたような表現にするため、黒を選択しています。

ここがPOINT

元の画像とブレンドとは？

［元の画像とブレンド］は、元画像とエフェクトの混ざり具合を指定する機能です。0％から100％までの間で設定でき、数値が小さいほどエフェクトが強く混ざります。0％にするとエフェクトのみ、100％にすると元画像のみが表示されます。

ここがPOINT

ストロボデュレーションとストロボ間隔の違い

ストロボデュレーションは、ストロボの持続時間で、ストロボ間隔は次のストロボが点滅するまでの時間です。

素材を使用してフィルム感を際立たせる

現時点でも十分おしゃれな仕上がりですが、8mmフィルム風を再現するにはここから
さらに工夫をします。ここでは、フィルムの黒いフレーム素材を組み合わせていきます。

① [プロジェクト]パネルを開き**①**、[Film noise.mp4]をタイムラインの[V2]トラッ
クの「00:00:00:00」の位置にドラッグ＆ドロップします**②**。

② 2つのクリップの長さをそろえます。ここで
は[V1]トラックのクリップのほうが長いの
で、[V1]トラックのクリップを[V2]トラック
のクリップの終点の位置でカットします**③**。

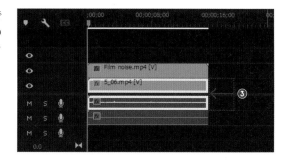

素材の不透明度を変更する

[V1]トラックのクリップが隠れてしまったため、
[V2]トラックのクリップを透過させます。

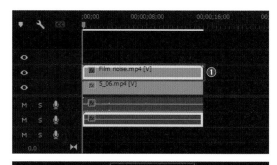

① タイムラインで[Film noise.mp4]を選択し
て**①**、[エフェクトコントロール]パネル**②**の
[不透明度]にある[描画モード]の▼をクリッ
クして**③**、[乗算]を選択します**④**。

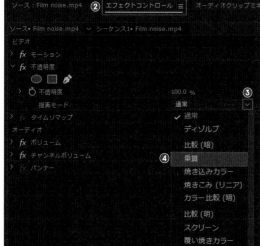

- ここがPOINT -

描画モード「乗算」とは？

乗算は文字通りかけ算のことです。
乗算した素材とその下にある素材と
をかけ合わせた色が表示されます。

② グレー部分がなじみ、下のクリップが表示されました。

ビネットを調整する

古いフィルム映像では、四隅が暗くなっていることがあります。これはカメラのレンズ周辺が中心に比べて暗くなる現象で、ケラレやビネットなどと呼ばれます。ここではビネットを再現してみましょう。

 ① ワークスペースを［カラー］にします❶。

② タイムラインで［V1］トラックのクリップを選択し❷、［Lumetriカラー］パネル❸の［ビネット］をクリックし❹、次のように設定します❺。

適用量.............................「-3.0」
拡張..................................「20.0」
角丸の割合......................「5.0」

ここがPOINT

ビネットの活用

ビネットとはvignetteと表記されるもので、「ケラレ」とも呼ばれています。あえて編集などでビネットをつけることで、視聴者の視線をより中心部へ意識させるなどのテクニックとしても使われます。

3 動画の四隅にいくほど暗く
なる表現ができました。

色味を整える

最後に全体の色味を整えて完成で
す。Lumetriカラーで補正していき
ます。ここでは彩度を少し下げて、
暗い印象にしましょう。

1 [Lumetriカラー] パネルの
[基本補正] を開き **❶**、[ホワ
イトバランス] の [彩度] を
「90.0」にします **❷**。

> 彩度以外も好みの
> 印象になるように
> 微調整しましょう。

＼できた！／ 動画を再生してみま
しょう。ノスタルジッ
クな雰囲気のフィル
ム風動画が完成しま
した。

CHAPTER 5

LESSON 7

#Adobe Stock #テンプレート #モーショングラフィックス

テンプレートを使ってみよう

https://dekiru.net/
yprv2_507

練習用ファイル
5-7.prproj

Adobe CCを契約しているとAdobe Stockという便利なストックフォトサービスを利用できます。今回は無料のモーショングラフィックステンプレートの導入から使用方法を解説します。

Adobe Stockからモーショングラフィックステンプレートを使ってタイトルアニメーションを作成してみましょう。読み込んだテンプレートのテキストやカラーを編集していきます。

知りたい！

● Adobe Stockを使いこなして、動画のクオリティをアップしよう

Adobe Stockとは、写真や動画、イラスト、テンプレートなどさまざまなロイヤリティフリー素材を使用可能なストックフォトサービスです。ここでダウンロードできる素材は、After Effectsなどほかのアプリを使ってテンプレート化しているものも多く、それをPremiere Proに取り込むことで簡単にクオリティの高いコンテンツをつくることができます。

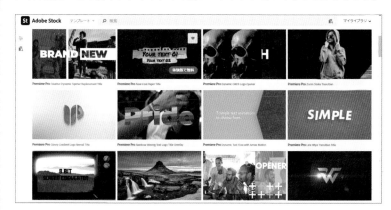

Adobe Stockで使用したい素材を探す

1 Adobe Stock(https://stock.adobe.com/jp/)にアクセスし、[テンプレート]をクリックします❶。

2 [モーショングラフィックステンプレート]をクリックします❷。

3 テンプレートの一覧が表示されるので、目的にあったテンプレートを探します。今回は使用するテンプレートが決まっているので検索ボックスに「Top Highlighted Title」と入力し❸、[Enter]([return])キーを押します。

フィルターで絞り込む

テンプレートは、フィルターで絞り込んで探すことができます。ページ左上にある[フィルター]ボタンをクリックし❶、[サブカテゴリー]から利用するカテゴリーにチェックを入れましょう❷。

> タイトルアニメーション用のテンプレートを探したいときは[タイトル/テキストオーバーレイ]にチェックを入れたらいいですね。

---

④ 検索結果に「Top Highlighted Title」テンプレートが表示されたら、マウスポインターをサムネイルに合わせ、[ライセンスを取得]ボタンをクリックします❹。すると自動的にPremiere Proのライブラリに保存されます。ログインしていない場合は、ログイン画面が表示されるのでログインしましょう。

> ウェディングムービーなどでも使えそうなテンプレートです。

テンプレートを適用する

ライブラリに保存されたテンプレートをクリップに適用しましょう。

① 練習用ファイル「5-7.prproj」を開き、[キャプションとグラフィックワークスペース]に切り替えます。

② [エッセンシャルグラフィックス]パネルの[参照]を開き❶、[ライブラリ]にチェックを入れます❷。ライセンスを取得したテンプレートが表示されるので、タイムラインの[V2]トラックの0秒の位置にドラッグ＆ドロップします❸。

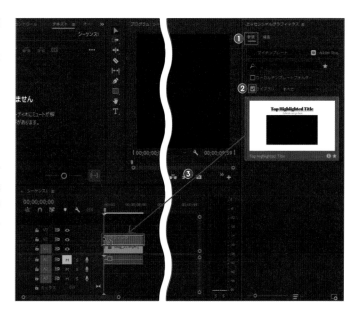

ダウンロードした
テンプレートを再生する

編集する前にテンプレートの内容をあらた
めて確認しておきましょう。

① [プログラム]パネルで[再生]ボタ
ンをクリックします❶。確認できた
ら[停止]ボタンをクリックして停
止します。

テンプレートのテキストを
変更する

テンプレートは自由にカスタマイズできま
す。まずはテキストの文字列と色を変更し
ましょう。

① テキストやアンダーラインな
ど、すべての要素が表示される
[00;00;01;45]の位置に再生ヘッド
を移動します❶。

② メインのテキストを編集します。
[エッセンシャルグラフィックス]
パネルの[編集]をクリックし❷、
[Top Highlighted Title]レイヤー
をダブルクリックします❸。テキス
トが選択されるので❹、「Premiere
Pro」と入力します❺。

③ レイヤーが並ぶスペースの余白をク
リックし❻、一度選択を解除します。
再度[Premiere Pro]レイヤーをク
リックします❼。

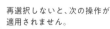
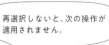

再選択しないと、次の操作が
適用されません。

④ ［アピアランス］の［塗り］をクリックすると❽、［カラーピッカー］が表示されるので、#の部分に「352E7E」と入力して❾、［OK］ボタンをクリックします❿。

⑤ あと少し！ テキストの色が変わりました⓫。
同様に「Subtitle can go here」を「Yokubari Nyumon」に変更します⓬。

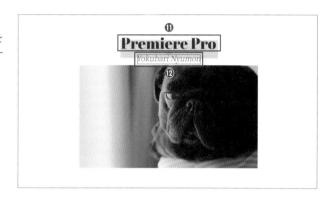

テキストのアンダーラインの色を変更する

アンダーラインを薄い黄色に変えてみましょう。

① ［Underline 01］レイヤーをクリックし❶、［境界線］の色を「F7FF95」に変更します❷。

····· #F7FF95

 できた！　再生してみましょう。テンプレートを利用して簡単におしゃれなタイトルアニメーションがつくれました。

> フォントやキーフレームの位置を変更するなど、さらにアレンジに挑戦してみましょう。

229

CHAPTER 5
LESSON
8

#オートリフレーム

フレームサイズを
正方形にしよう

動画でも
チェック！

https://dekiru.net/
yprv2_508

練習用ファイル
5-8.prproj

InstagramやFacebookなどでは、スマートフォンに最適化された縦長や正方形の動画がよく投稿されます。ここでは16:9の動画を簡単に正方形に変更する方法を解説します。

フレームサイズを1:1の正方形に変更し、[オートリフレーム]という機能を使って被写体の位置を調整していきます。

通常の16:9の比率からスマホ用に縦横比が変わるということは、単純にサイズが変わるだけではなく、画面に映るものも変わってしまうということなんです。フレームサイズの変更に合わせてクリップの位置を調整するために「オートリフレーム」という機能を使います。

シーケンスを正方形サイズに変更する

まずはSNSでよく見る動画の比率である正方形にシーケンスを変更します。正方形とは比率が1:1ということです。今回は1080×1080ピクセルの動画を作成してみましょう。

① 練習用ファイル「5-8.prproj」を開きます。「シーケンス1」を右クリックして❶、[シーケンス設定]をクリックします❷。

② [シーケンス設定]ダイアログボックスが開くので、[編集モード]を[カスタム]❸、[フレームサイズ]を「1080」横、「1080」縦に変更して❹、[OK]ボタンをクリックします❺。

③ [このシーケンスのすべてのプレビューを削除]という警告画面が表示されるので、[OK]ボタンをクリックします❻。

④ 動画サイズが正方形になりました。

被写体を画面の中心に移動させる

サイズを正方形にしたことで、フレームによっては被写体の位置が中心からずれてしまいます。[オートリフレーム]という機能を使って被写体を中心に移動させましょう。

被写体の位置が安定しない

① [エフェクト]パネルを開き❶、[ビデオエフェクト]→[トランスフォーム]にある[オートリフレーム]をクリップにドラッグ＆ドロップします❷。

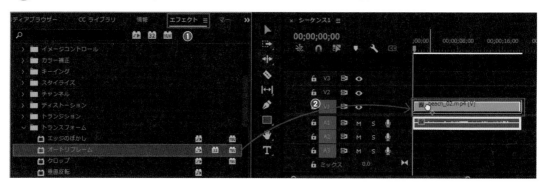

② 分析が完了したら、[再生]ボタンをクリックします。どのフレームでも被写体が中央付近に表示されるようになります。

同じ場面で比較すると、被写体が中央付近に表示されたことがわかる

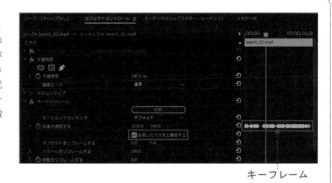

キーフレーム

被写体が中心に収まらないとき ①

素材によっては分析がうまくいかず、全体的に被
写体の位置がずれてしまう場合があります。その
ときは［モーショントラッキング］の種類を変更
してみましょう。

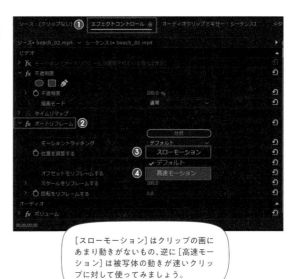

① ［エフェクトコントロール］パネル❶の
［オートリフレーム］を開きます❷。
［モーショントラッキング］の種類を［ス
ローモーション］❸や［高速モーション］に
変更します❹。

［スローモーション］はクリップの画に
あまり動きがないもの、逆に［高速モー
ション］は被写体の動きが速いクリッ
プに対して使ってみましょう。

被写体が中心に収まらないとき ②

［モーショントラッキング］の種類を変更しても
うまくいかないときは、クリップの位置を手動で
動かしてキーフレームを調整しましょう。

① ［エフェクトコントロール］パネル❶の
［モーション］の🈸をクリックします❷。

② ［モーション］を開き、［位置］のストップ
ウォッチをオンにします❸。

233

③ 被写体が中心からずれているフレームの位置に再生ヘッドを移動します❹。水平位置、垂直位置の数値にマウスポインターを合わせて、マウスポインターの形が 🖑 の状態で左右にドラッグして位置を調整します❺。

素材次第ではうまくいかないことも多いので、その場合はオートリフレームに頼らずーから手動でがんばりましょう！

④ 再生ヘッドを移動しながら❻、手順③の方法で位置を調整します❼。

＼できた！／ 動画を再生して、被写体の位置が中央にうまく収まっていれば完成です。

もっと
知りたい！

● ［オートリフレームシーケンス］を作成する

クリップが複数ある場合は、［オートリフレームシーケンス］を使って一括で被写体の位置を修正することができます。

フレームサイズを正方形にしたことで被写体の位置がずれてしまった2つのクリップ

① シーケンスを選択した状態で、［シーケンス］メニュー❶の［オートリフレームシーケンス］を選択します❷。

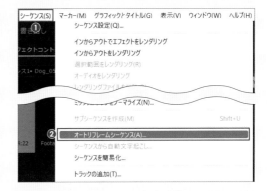

② ［オートリフレームシーケンス］ダイアログボックスで［クリップをネスト化せず…］を選択し❸、［作成］ボタンをクリックします❹。

クリップのネスト化 ➡ 148ページ

③ すると自動的にシーケンス内のすべてのクリップが分析され、被写体の位置が修正されます。プロジェクトパネルには、［オートリフレームシーケンス］ビンが作成され❺、［タイムライン］パネルにも新しいシーケンスが表示されます❻。

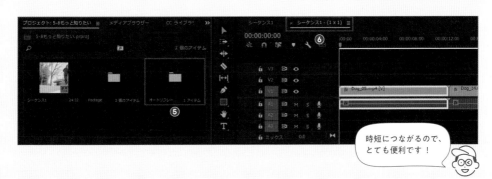

時短につながるので、とても便利です！

企業の動画活用について知ろう

企業の動画活用の目的はさまざまですが、その中でも「認知度アップ」は多いと思います。

認知度を上げるための動画の内容は、商品やサービスの紹介、企業自体の活動紹介、イベントセミナーの配信など多岐にわたります。
伝えたい情報量が多い場合、短い時間に多くの情報を詰め込める動画を活用することは、認知度アップの方法としては最適といえます。
たった1分の動画を見ただけで、その商品のすばらしさが伝わり、思わず購入してしまう、それを開発した企業に興味がわく、そんな経験が誰しもあると思います。

企業動画の活用の場としては、自社HPやインターネット広告が多いですが、やはりSNSでの発信の割合も非常に増えてきています。SNSは企業とユーザーの距離が近く、ユーザーの意見や反応がダイレクトに伝わるというメリットがあります。
ユーザー側も、いいねの数やフォロワー数などを目安に、その商品やサービスの人気度、認知度を知ることができます。SNSから火がつくというケースも最近では珍しくなくなりました。
目的のものを調べる手段として、インターネットや広告ではなくSNSを活用しているという人も多いのではないでしょうか。

制作の現場についても触れておきます。
最近では動画を自社内で制作するケースと外注するケースを、コンテンツ内容に応じて上手に使い分けている企業が増えています。
社内で制作する場合、制作費用を抑えられ、また打ち合わせから制作までをスピーディに行えるためさまざまな施策を考えやすいといったメリットがあります。
基本は社内で制作し、クオリティを重視したいコンテンツのみ外注するというケースが多いのも事実です。

しかし、最近ではインハウスのクリエイターのレベルがとても高まっているので、すべて社内で制作するという企業もあります。本書のような解説書を使って独学で学ぶ人、セミナーやオンライン授業で学ぶ人など、動画制作を学ぶ機会が増えてきているのも理由の1つです。

企業の動画活用は今後ますます盛んになっていくと思われますが、それと同時にインハウスのクリエイターのみで制作するケースが増え、社内制作・社外制作の構図のあり方は大きく変わっていくのではないでしょうか。

● Cross Effects (http://crosseffects.jp/)

本書の著者が主催するCross Effectsでは、企業で動画を内製するための支援も行っている

CHAPTER 6

プロの現場を体験！
動画制作テクニック

最後の第6章では、今まで学んできたことを活かして、
レシピ動画、プロモーション動画をゼロからつくっていきましょう。
撮影や構成のポイント、絵コンテなど、編集の前段階から始めて
カット編集、テロップやBGMの挿入まで行っていきます。

CHAPTER 6

LESSON 1

#動画の構想と撮影

レシピ動画をつくろう
（構想〜撮影）

多くの人が日常的によく見る動画の1つにレシピ動画があります。レッスン1からレッスン5で1つのレシピ動画をつくっていきましょう。まずは動画の構成を考えます。

チリビーンズを作る

ひよこ豆を加えて混ぜます

どんな動画をつくるか構想を練る

動画をつくろうと思い立ったら、まずどういう目的でどんな動画をつくるか、事前にイメージを膨らませていきましょう。今回はタコスのつくり方を紹介するレシピ動画を作成します。動画の目的は「タコスのつくり方をたくさんの人に知ってもらう」ことで、レシピ部分のわかりやすさや、美味しそうに見えるように撮るなど、さまざまなアイデアを書き出していきます。さらに、事前準備として必要な項目も次のようにまとめました。

❶ タコスのレシピを確認する
❷ 調理シーンで画が間延びしないように、どこを簡略化できるかまとめる
❸ 調理器具やテーブル、お皿など、動画で見映えするものを準備する
❹ ナチュラルなイメージにしたいので、自然光が入る時間帯を考えたり、照明機材を用意したりする
❺ 調理シーンを俯瞰で撮れるように三脚を用意する
❻ 編集におけるテキストの雰囲気などをあらかじめイメージしておく
❼ 動画の長さは使用箇所（YouTubeやツイッターなど）によって変わるので、最初に決めておく

動画の流れを決める

つくりたい動画の概要が決まったら、それを具体化していきます。どういう流れで動画を構成するのか、テロップやBGMが入る場合は、そのタイミングや見せ方も細かく決めておくとその後の作業がスムーズになります。今回はレシピ動画なので、あらかじめメモしておいたレシピの順番どおりに撮影していきました。

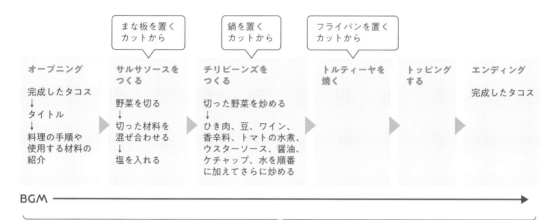

撮影する

動画の具体的な構成が決まったら、撮影を開始します。つくりたい動画によって、どんな機材が必要か、撮影する時間帯や場所なども入念にチェックしてから撮影に挑みましょう。今回のレシピ動画は、完成シーンは斜めからヨリのショット、調理シーンは俯瞰ショットで、手順ごとに分けて撮影をしています。動画にテロップなどテキストを入れる場合は、その分の余白を考えて撮影しましょう。

今回は長時間同じアングルからの撮影だったので、安定した光が入るように、自然光をさえぎって照明の光だけで撮影を行った

俯瞰で撮影するために、三脚を使って高い位置にカメラを固定

俯瞰撮影には三脚が必要ですが、カメラはスマホでも十分撮影が可能です！スマホで撮影する場合はストレージの空き容量も事前にチェックしておきましょう。

#カット編集

レシピ動画をつくろう（素材の配置）

動画でも
チェック！

https://dekiru.net/
yprv2_602

撮影が終わったら、Premiere Proで編集していきます。まずは素材をすべて読み込みタイムラインに配置していきましょう。

練習用ファイル
6-2.prproj

レシピ動画の場合、タイムラインにレシピの手順どおりにたくさんのクリップを並べていきます。クリップをカットしたり、速度を変更したりしながら全体の流れをつくっていきます。シーンの切り替えにはトランジションを使いながら、メリハリのある動画に仕上げていきましょう。

シーケンスを作成する

① 練習用ファイル「6-2.prproj」を開きます。[ファイル]メニューの[新規]→[シーケンス]をクリックして[新規シーケンス]ダイアログボックスを表示します。[使用可能なプリセット]で[Digital SLR]❶→[1080p]❷→[DSLR 1080P 30]を選びます❸。シーケンス名に「シーケンス1」と入力し❹、[OK]ボタンをクリックします❺。

> 「Digital SLR」とは「Digital Single Lens Reflex」、つまりデジタル一眼レフカメラのことです。

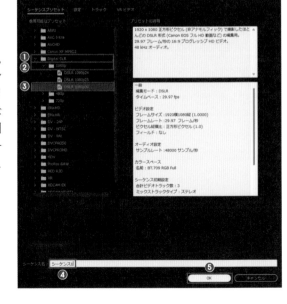

素材をタイムラインに配置する

まずは調理シーンに入る前のオープニングのクリップを配置していきます。配置した
クリップは適切な長さにカットしましょう。オープニングのクリップのあとに調理
シーンのクリップを順番に並べていきます。

素材が多い場合は
リスト表示がおす
すめです。

（1）[Footage] ビンを開きタイムラインに素材を配置していきます。まずは
[Recipe_34.mp4] をタイムラインの [V1] トラックの0秒の位置にドラッグ＆
ドロップして配置します❶。

（2）配置したクリップは「00;00;05;00」
の位置でカットします❷。

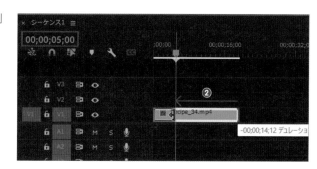

（3）[Recipe_34.mp4] に [Recipe_01.mp4] をつなげます❸。

（4）[Recipe_01.mp4] も被写体が消えた後
の部分をカットします。「00;00;12;00」
の位置でカットしましょう❹。
[Recipe_34.mp4] と [Recipe_01.mp4]
をオープニングとして使用します。

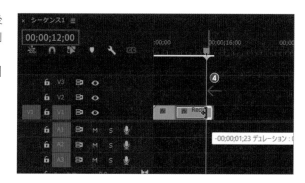

241

⑤ [Recipe_02.mp4]から番号順にクリップをタイムラインに配置していきます。
[ソースモニター]パネルでイン点とアウト点を決めてからタイムラインに配置すると簡単です。
[Recipe_02.mp4]のイン点を「00;00;01;13」、アウト点を「00;00;03;29」とし、トリミングしたクリップをタイムラインの[Recipe_01.mp4]につなげます⑤。

先にカットしてから配置する ⇒ 65ページ

練習用ファイルにはあらかじめイン点とアウト点を設定済みです。

イン点　　　　アウト点
「00;00;01;13」　「00;00;03;29」

イン点とアウト点の位置は[ソースモニター]パネル左のタイムコードに直接入力もできます。

⑥ [Recipe_03.mp4]、[Recipe_04.mp4]のクリップは指を鳴らすと玉ねぎの皮がパッとむけるような視覚効果を狙って撮影をしています。
[Recipe_03.mp4]はイン点を「00;00;00;17」、アウト点を「00;00;03;03」とし、[Recipe_04.mp4]はイン点を「00;00;01;21」、アウト点を「00;00;46;13」としてタイムラインに配置していきます。

Recipe_03.mp4

Recipe_04.mp4

クリップの速度を変更する

[Recipe_04.mp4]の玉ねぎをカットするような長いシーンは視聴者を飽きさせてしまう可能性が高いので、速度を上げてすぐに次のクリップに展開するように工夫します。
ここではクリップを途中で分割し、後半部分だけ速度を上げます。

① [Recipe_04.mp4]の玉ねぎを切り始めた「00;00;24;00」あたりに再生ヘッドを移動し❶、[レーザーツール]を使って❷、再生ヘッドの位置で分割します❸。

レーザーツール ➡ 62ページ

② [選択ツール]▶をクリックし、分割した後半のクリップを右クリック→[速度・デュレーション]をクリックします。[速度]を「800」%に設定し❹、[OK]ボタンをクリックします❺。

> 視聴者を飽きさせないように、緩急をつけてつなげていきます。新しいクリップのはじめは100%の速度、その後単調な動作が続く場合はどんどん速度を上げていきましょう。

シーンの切り替わりをクロスディゾルブで演出する

速度を変更したシーンや、長いシーンの切り替わりにはクロスディゾルブを使って、動画の流れを美しく見せる演出をします。

① [Recipe_05.mp4]をイン点「00;00;00;10」アウト点「00;00;02;22」でトリミングし、[Recipe_04.mp4]につなげます❶。

② [Recipe_04.mp4]と[Recipe_05.mp4]の境目をクリックし❷、Ctrl + D キーを押します。

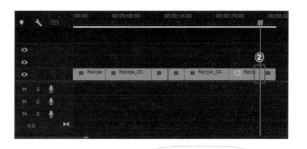

③ [クロスディゾルブ]が適用されました❸。

> 急な速度変更もクロスディゾルブでつなぐことによって、ゆったりとした雰囲気になります。

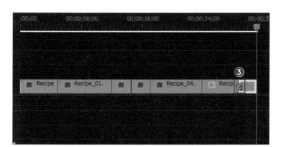

④ ここまでの手順を参考に、クリップのカット、速度変更、トランジションを組み合わせながらクリップを番号順にすべて並べていきます。

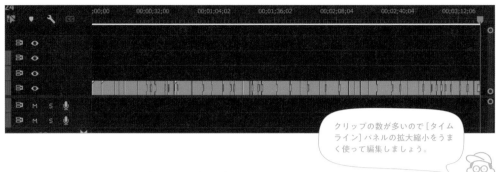

クリップの数が多いので[タイムライン]パネルの拡大縮小をうまく使って編集しましょう。

タイムラインのクリップを見やすく色分けする

クリップの数が多くなると、タイムラインが見づらくなります。すべてのクリップを配置したらクリップのラベルを色分けして作業しやすくしましょう。ここでは、オープニングのクリップはマゼンタ、レシピ解説部分のクリップは黄褐色、エンディングのクリップは緑に色分けします。

① オープニングの[Recipe_34.mp4]と[Recipe_01.mp4]を選択した状態で右クリックし①、[ラベル]②→[マゼンタ]をクリックすると③、クリップの色が変わります。レシピ解説部分の[Recipe_02.mp4]〜[Recipe_32.mp4]を[黄褐色]に、エンディングの[Recipe_33.mp4]〜[Recipe_35.mp4]を[緑]に変更しておきましょう。

\ できた！ / すべてのクリップを並べ終えました。

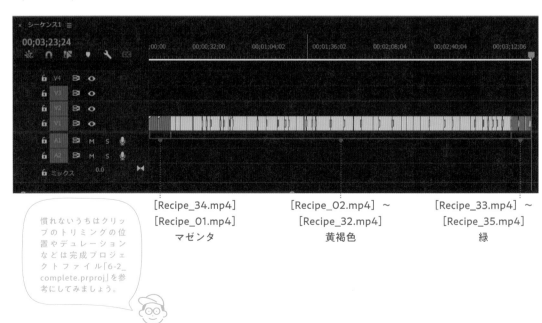

慣れないうちはクリップのトリミングの位置やデュレーションなどは完成プロジェクトファイル「6-2_complete.prproj」を参考にしてみましょう。

[Recipe_34.mp4]
[Recipe_01.mp4]
マゼンタ

[Recipe_02.mp4] 〜
[Recipe_32.mp4]
黄褐色

[Recipe_33.mp4] 〜
[Recipe_35.mp4]
緑

CHAPTER 6

LESSON 3

#タイトル #カラーマット

レシピ動画をつくろう （タイトルの作成）

素材の配置が終わったら、動画のオープニングを飾るタイトルを作成します。

動画でもチェック！
https://dekiru.net/yprv2_603

練習用ファイル
6-3.prproj

第4章レッスン4で作成したタイトルを流用して、オープニングタイトルをつくっていきます。カラーマットという機能を使って、より自然で見映えのするタイトルをつくってみましょう。

オープニングタイトルを作成する

ここでは第4章のレッスン4で作成したタイトルアニメーションを使用してオープニングタイトルにしてみます。白いサークルが出現して「How to make TACOS」という文字が表示されます。そのあとに白いサークルが縮小すると、次のカット（レシピクリップ）に切り替わるという流れです。

タイトルアニメーションがトランジションの役割をしているイメージです。

タイトルの表示が終わると次のシーンになっているという演出

① 練習用ファイル「6-3.prproj」を開きます（レッスン2の続きから進めることもできます）。120～124ページを参考に白いサークルが出現するタイトルを「00;00;01;07」の位置に作成します❶。すでに作成したデータがある場合はコピーして[V3]、[V4]トラックの「00;00;01;07」の位置にペーストしましょう。

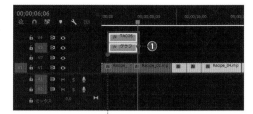

「00;00;01;07」に作成

ここがPOINT

別のファイルからコピー＆ペーストする

コピーしたいデータが入ったプロジェクトファイルを開き、該当するクリップを選択して[編集]メニューから[コピー]を選択します。ペーストしたいプロジェクトファイルを開き、トラックターゲットを指定したうえで、[編集]メニューの[ペースト]を選択します。[V3]、[V4]トラックにペーストしたい場合はトラックターゲットを[V3]に切り替えてペーストしましょう。

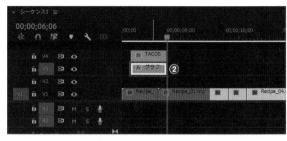

② 作成したグラフィッククリップを選択します❷。[エフェクトコントロール]パネル❸の[トラックマットキー]を開き❹、[マット]を[ビデオ4]にします❺。

トラックマットキー ➡ 124ページ

クリップの切り替わりを隠す

このタイトルは文字の部分が抜けて下のクリップが見えています。タイトルの表示中に下のクリップが切り替わると違和感があるので、切り替わりの部分をカラーマットで隠しましょう。

① [プロジェクト]パネルの[新規項目]ボタン❶→[カラーマット]をクリックします❷。

② [新規カラーマット]ダイアログボックスが表示されます。[OK]ボタンをクリックし❸、[カラーピッカー]でグレーを選択して❹、[OK]ボタンをクリックします❺。

③ 名前を入力します。ここでは初期設定の「カラーマット」のまま[OK]ボタンをクリックします❻。

④　［プロジェクト］パネルに新しく追加された［カラーマット］をタイムラインの
　　［V2］トラックの「00;00;03;20」の位置にドラッグ＆ドロップします❼。

⑤　タイトルアニメーションの下にグレーの下地が表示されました。配置したカラー
　　マットのクリップはタイトルのクリップのアウト点に合わせてカットします❽。

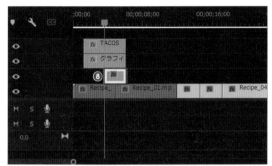

カラーマット（グレーの背景）

カラーマットにクロスディゾルブを適用する

カラーマットをフェードイン、フェードアウト
させて、より自然にアニメーションさせます。

①　カラーマットクリップを選択し❶、
　　Ctrl ＋ D キーを押します。
　　　　　クロスディゾルブ ➡ 78ページ

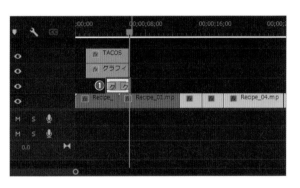

\ できた！／　クリップの切り替わりをカラーマットで自然に隠すタイトルアニメー
　　　　　　ションが完成しました。

CHAPTER 6

LESSON 4

#テロップ

レシピ動画をつくろう
（テキストの挿入）

動画でも
チェック！

https://dekiru.net/
yprv2_604

練習用ファイル
6-4.prproj

動画に合わせて、レシピの解説テロップを追加していきます。

動画に合わせてテキストを入力して、レシピのテロップを作成していきます。
オープニングでは作業の流れや使用する材料を説明します。実際に料理をつくり
始めるシーンからは、見出しと説明に分けてテロップが表示されるようにします。

> ここで入力している
> レシピは、動画のつく
> り方を解説するため
> のサンプルです。

レシピのオープニングテロップを作成する

映像だけでもなんとなくのレシピは伝わりますが、よりわかりやすい動画にするため
にレシピを補足するテロップを作成していきます。

① 練習用ファイル「6-4.prproj」を開きます（レッスン3の続きから進めることも
できます）。［エッセンシャルグラフィックス］パネルを表示します❶。

［エッセンシャルグラフィックス］パネルの表示 ➡ 96ページ

② 再生ヘッドをタイトルクリップのアウト点より数フレームうしろに移動し❷、[横書き文字ツール]を選択します。[V2]トラックにテロップを作成していきます❸。

③ 1つのテキストレイヤーの中に以下のテキストを入力します。入力できたら、下の画像のように配置します❹。

テキストの入力 ➡ 97ページ

1つのテキストクリップの中にオープニングテロップがすべて入っている

> 文字量が多いですが、動画の冒頭にざっくりこのレシピでやることを説明すると親切です！

デュレーションを変更する

入力したテキストをいつまで表示させるかを決めます。映像に合わせてタイミングを決めましょう。ここではタイトルの表示が終わった数フレーム後の位置にテキストクリップを作成したので、そこから[Recipe_01.mp4]が終わるまで表示するようにします。

① テキストクリップのアウト点を右にドラッグして、[Recipe_01.mp4]のアウト点の位置まで伸ばします❶。

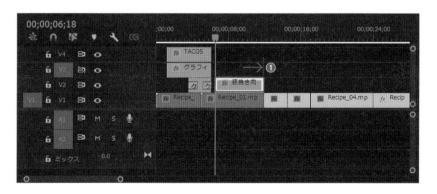

テキストをフェードイン、フェードアウトさせる

① テキストクリップを選択して❶、[Ctrl]+[D]キーを押します。

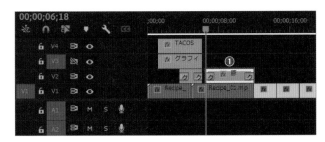

レシピの見出しテロップを作成する

見出しテロップを作成していきます。ここでいう見出しとは「サルサソースを作る」「チリビーンズを作る」など大まかな手順のことです。見出しのテロップと後から作成する説明テロップを区別するために見出しテロップは[V3]トラックに作成していきます。

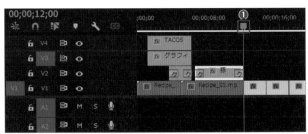

① 再生ヘッドを[Recipe_02.mp4]のイン点に移動します❶。[横書き文字ツール]で「サルサソースを作る」と入力します❷。
ここでは「サルサソース」のフォントサイズを「91」、「を作る」のフォントサイズを「70」にしました。

② 手順①で作成したテキストクリップを[V3]トラックに移動します❸。

③ テキストクリップをサルサソースをつくり終える[Recipe_14.mp4]のアウト点まで伸ばし❹、[クロスディゾルブ]を適用します❺。終わったら[Esc]キーを押して、クリップの選択を解除します。

「Recipe_14.mp4」のアウト点

レシピの説明テロップを作成する

「玉ねぎをみじん切りにします」や「塩を適量加えます」の
ような細かな工程を説明するテロップを作成していきま
しょう。ここでは見出しより少し小さいフォントサイズに
して入力します。説明テロップは［V2］トラックに作成し
ていきます。

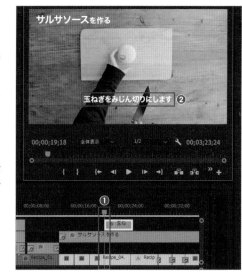

あと少し！
1 再生ヘッドを［Recipe_04.mp4］の玉ねぎを切り始
めるあたりに移動します❶。［横書き文字ツール］で
「玉ねぎをみじん切りにします」と入力します❷。
フォントサイズは「70」にしました。

2 ［V4］トラックに作成されたテキストクリッ
プを、［V2］トラックに移動します❸。

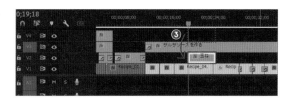

3 テキストクリップのデュレーションはプレ
ビューを見ながら調整します❹。玉ねぎを
切り終わる前にテキストの表示が終わるよ
うにします。

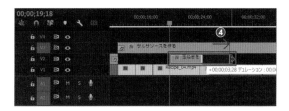

4 ［クロスディゾルブ］を適用し❺、フェード
イン、フェードアウトを演出します。
以降もクリップに合わせて見出しと説明テ
ロップを追加していきましょう。

できた！　レシピクリップ最後の［Recipe_32.mp4］の位置までテキストを入れた
ら完成です。

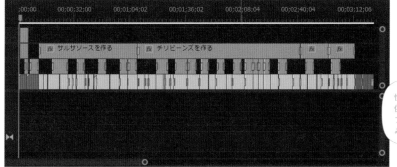

慣れないうちは、本書が提
供する完成プロジェクト
ファイルを参考に作成して
みましょう。

#リミックスツール

LESSON 5 レシピ動画をつくろう（BGMの挿入）

動画でもチェック！

https://dekiru.net/yprv2_605

練習用ファイル
6-5.prproj

レシピ動画の最後のレッスンはBGMの挿入です。BGMのクリップを配置し、カット編集していきましょう。

BGMを配置する

① 練習用ファイル「6-5.prproj」を開きます（レッスン4の続きから進めることもできます）。[プロジェクト]パネルの[BGM_04_レシピ.mp3]を、タイムラインの[A1]トラックの0秒の位置にドラッグ＆ドロップします❶。BGMの尺が足りないことがわかります。

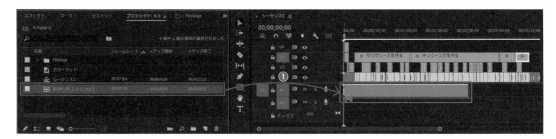

ここがPOINT

BGMクリップが2列になっているのはなぜ？

このレッスンで使っているBGMクリップは、同じような波形が上下に2列並んだ状態になっています。これは、その音声クリップがステレオ音声であることを表していて、上側がステレオの左チャンネル、下側が右チャンネルとなります。

BGMをリミックスする

BGMの尺が足りないので[リミックスツール]を使ってBGMの長さを調整しましょう。

① [ツール]パネルから[リミックスツール]を選択します❶。

② BGMクリップの右端を[V1]の映像クリップと同じ長さになるようにドラッグします❷。
リミックス機能について
➡189ページ

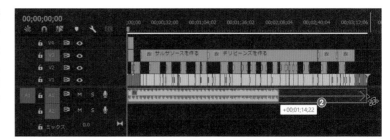

③ BGMがリミックスされデュレーションが長くなりました。再生してリミックスの内容を確認しましょう。

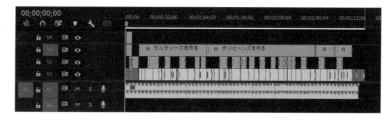

リミックスの内容を調整する

リミックス機能を使うと、デュレーションも自動的に調整されていますが、[エッセンシャルサウンド]パネルであとから調整することも可能です。

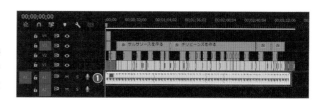

① [選択ツール]に切り替え、BGMクリップを選択します❶。

② [エッセンシャルサウンド]パネルの[デュレーション]の[ターゲットデュレーション]を長めに設定してみましょう。ここでは「00;03;23;24」から「00;03;27;00」に変更しました❷。

再生して、映像のフェードアウトとマッチするデュレーションに設定しましょう。

できた！ デュレーションが調整され、映像にあったBGMが挿入できました。

これでレシピ動画の完成です。タコスをつくってみたくなる、そんな動画に仕上がったでしょうか？ レシピ動画は料理ができる方ならすぐにつくれる動画なので、ぜひ試してみてください。

もっと 知りたい！

●[コンスタントパワー]でフェードアウトさせてみよう

リミックス機能ではフェードアウトなども自動的に調整されていますが、実際に聞いてみて、満足がいかない場合はさらに[コンスタントパワー]を適用してフェードアウトを調整してみましょう。

[コンスタントパワー]を適用

CHAPTER 6

LESSON 6

#動画の構想と撮影

プロモーション動画をつくろう（構想〜撮影）

ここからの6レッスン（レッスン6〜レッスン11）では、プロモーション動画をつくっていきます。本章のレッスン1と同じように、動画の構想を練るところから始めましょう。

デコパージュの講師であるHIROKO先生が、デコパージュの魅力を紹介する動画を作成します。

╲ 知りたい！ ╱

● プロモーション動画とは？

一般的にプロモーション動画とは、商品やサービスの販売促進を目的とした動画のことです。個人の作品を紹介する動画、企業が自社製品を紹介する動画など、目にする機会が多い動画の1つです。動画で伝えたいことを明確にし、メッセージ性の高い内容にすることが大切です。

> デコパージュとは、切り抜いた紙を小物や家具などに貼り付けて装飾を楽しむ、ヨーロッパ発祥の手工芸です。

どんな動画をつくるか構想を練る

デコパージュの魅力を多くの人に知ってもらい、興味をもってもらうことを目的としたいので、HIROKO先生のインタビュー、実際の作業風景、デコパージュの雰囲気が伝わるイメージシーンで構成します。

・デコパージュのエレガントな雰囲気が伝わる動画にする
・インタビューシーンを軸にイメージシーンを挿入する
・動画の長さは1分前後にまとめる

動画の流れを決める

絵コンテを使って動画の流れを具体化していきます。
オープニングはどういうシーンにするのか、インタ
ビューはどういう角度で撮影するのかなどをイラスト
にすることでイメージしやすくなります。
音声が入る場合は、どのシーンにどういう音声が入るか
なども具体的に決めておきましょう。

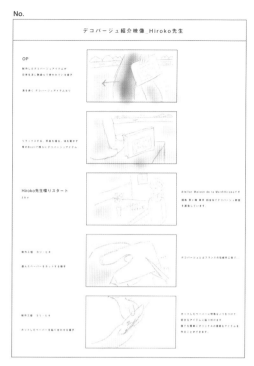

絵コンテの一部

撮影する

今回はシネマカメラというカメラで撮影を行いました。
デコパージュの作品のイメージに合わせて、照明を用い
て柔らかい光をつくって撮影をしています。
この日は天気が曇りで日光の強さが安定していたので、
外からの光も利用しました。インタビューシーンのほ
か、制作シーンや動画に奥行きを持たせるイメージシー
ンなども撮影しました。

制作シーン

イメージシーン

プロモーション動画をつくろう
（素材の配置）

動画でも
チェック！

https://dekiru.net/
yprv2_607

練習用ファイル
6-7.prproj

撮影が終わったら、Premiere Proで編集していきます。まずは素材をすべて読み込みタイムラインに配置していきましょう。

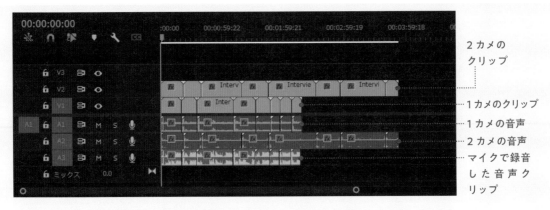

2カメの
クリップ

1カメのクリップ
1カメの音声
2カメの音声
マイクで録音
した音声ク
リップ

このプロモーション動画は、インタビューシーンを2つのカメラ（1カメ、2カメ）で角度を変えて撮影しています。1カメで撮影したクリップと2カメで撮影したクリップは、別のトラックに配置します。

シーケンスを作成する

① 練習用ファイル「6-7.prproj」を開き、［ファイル］メニューの［新規］→［シーケンス］をクリックし［新規シーケンス］ダイアログボックスを表示します。［使用可能なプリセット］で［Digital SLR］❶→［1080p］❷→［DSLR 1080p24］を選び❸、シーケンス名を「Interview」とし❹、［OK］ボタンをクリックします❺。

素材をタイムラインに配置する

まずはインタビュー素材を配置して、プロモーション動画の流れ（構成）をつくります。
[Interview_01.mp4]から[Interview_08.mp4]が1カメのクリップで、[Interview_09.
mp4]から[Interview_16.mp4]が2カメのクリップです。

① [プロジェクト]パネルで[インタビュー]ビンを開きます。[Interview_01.
mp4]をクリックし❶、 Shift キーを押しながら[Interview_16.mp4]を選択
します❷。選択したクリップをタイムラインの[V1]トラックの0秒の位置にド
ラッグ＆ドロップして配置します❸。

> 選択された順にタイムラインに配置されるので選択する順番が重要です。プロジェクトパネルをリスト表示にすると選択しやすいです。

② [クリップの不一致に関する警告]が
表示されたら、[現在の設定を維持]ボ
タンをクリックします❹。

③ クリップがファイル名の番号順に配
置されたことを確認します。

1カメと2カメでクリップを分ける

タイムラインに配置されたクリップは、同じシーンを正面から撮影したもの（1カメ）
とヨリで斜めから撮影したもの（2カメ）と2種類あります。2カメで撮影されたクリッ
プを[V2]トラックに移動します。

① [Interview_09.mp4]〜[Interview_16.
mp4]のクリップを選択し❶、音声ク
リップにマウスポインターを合わせ
て、音声クリップのみ[A2]トラック
にドラッグ＆ドロップします❷。

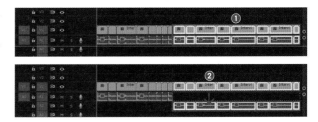

(2) クリップにマウスポインターを合わせ❸、[V2]トラックの0秒の位置にドラッグ&ドロップします❹。

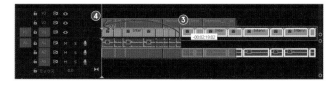

(3) 1カメのクリップが[V1]トラックに、2カメのクリップが[V2]トラックに配置されたことを確認します。

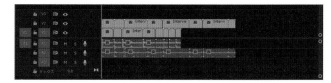

インタビュー音声を配置する

(1) [インタビュー]ビンの[Voice_01.wav]を選択し❶、Shift キーを押しながら[Voice_08.wav]を選択します❷。選択した音声クリップをタイムラインの[A3]トラックの0秒の位置にドラッグ&ドロップします❸。

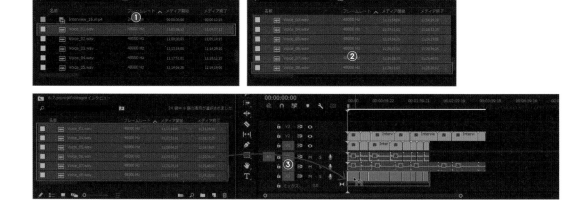

できた！ [V2]トラックに2カメのクリップ、[V1]トラックに同じシーンの1カメクリップ、[A3]トラックに同じシーンの音声クリップが配置され、インタビュー部分の下準備が整いました。

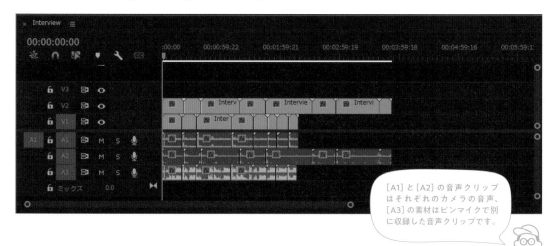

[A1]と[A2]の音声クリップはそれぞれのカメラの音声、[A3]の素材はピンマイクで別に収録した音声クリップです。

CHAPTER 6

LESSON 8

#カット編集　#クリップの同期

プロモーション動画をつくろう（複数クリップの同期）

タイムラインに並んだクリップをシーンごとに音声と映像を同期させていきます。

動画でもチェック！

https://dekiru.net/yprv2_608

練習用ファイル
6-8.prproj

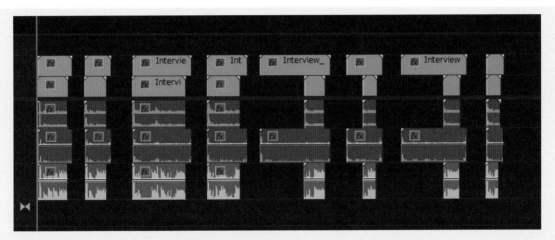

タイムラインには、1カメと2カメで、セリフごとに8つのシーンのクリップが配置されています。1つひとつのセリフシーンを上の画面のように同期させて、音声や映像のずれを調整していきます。

各シーンの映像と音声を同期させる

再生してみると、音声と映像がずれているのがわかります。シーンごとに音声と映像が同時に再生されるように編集していきます。
長さはバラバラですが、各トラックにある8つのクリップは左から順に同じシーンを撮影したものです。左から数えて1番めのクリップ、2番めのクリップ……と、左からの数え順でクリップをまとめていきます。

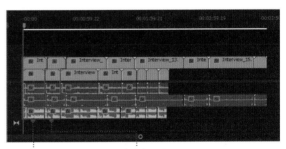

1つめのシーン　　2つめのシーン

① 練習用ファイル「6-8.prproj」を開きます（レッスン7の続きから進めることもできます）。この画面のように、シーンごとにクリップを分けて並べます。

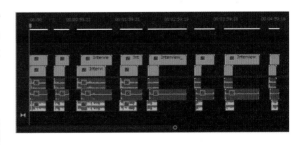

前のクリップと次のクリップを切り離すときは、次のクリップから最後のクリップまでを囲むようにすべて選択し、右方向にドラッグして移動、という操作を繰り返すと簡単です。

② 1つのシーンをすべて（1カメと2カメの映像クリップ、音声クリップ）選択します❶。

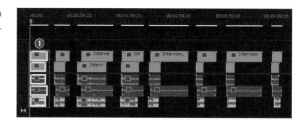

③ 選択したクリップを右クリックし❷、[同期]をクリックします❸。

④ [クリップを同期] ダイアログボックスが表示されます。[オーディオ]を選択し❹、[OK]ボタンをクリックします❺。

⑤ 選択したシーンのクリップがオーディオをもとに同期されました❻。再生すると映像と音声のずれがなくなったのがわかります。

⑥ すべてのシーンを手順②〜④と同様に同期させます。

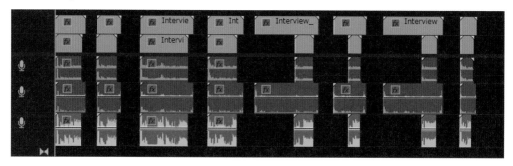

ここがPOINT

同期されないときは？

クリップによっては同期がうまくいかないときもあります。その場合はタイムラインを拡大し、クリップの波形を見ながら手動で合わせましょう。

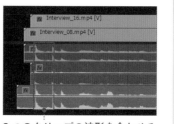

3つのクリップの波形を合わせる

不要な部分をカットする

プレビューしながら、ハンドクラップやカメラマンの指示、セリフの読み間違えなど本番のセリフ以外の不要な部分をカットしていきます。

① タイムラインの表示を拡大します。

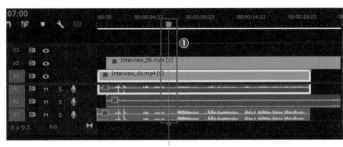

セリフが始まる位置

② 各シーンのセリフの始まりの位置に再生ヘッドを移動します❶。各クリップのイン点を再生ヘッドの位置までカットします❷。

カット編集 ➡ 58ページ

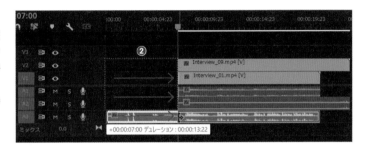

③ アウト点もそろえます。各シーンのセリフが終わったタイミングに再生ヘッドを移動し、それに合わせてカットしていきます。

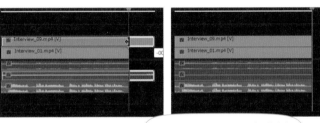

［レーザーツール］でもカットできます。

一見すると、そろっていても、拡大するとクリップの端がバラバラです。各クリップのイン点、アウト点をきちんとそろえて整えていきましょう。

④ すべてのクリップでカット編集が終わったら、ギャップを削除してシーンをつなげます❸。

ギャップの削除 ➡ 60ページ

＼できた！／ 再生してみましょう。音声のずれや、不要なシーンが残っていないか確認します。

LESSON **9**

#カット編集 #カメラの切り替え

プロモーション動画をつくろう
（1カメ、2カメの切り替え）

1カメと2カメのクリップを切り替えて表示する編集をしていきます。

動画でも
チェック！

https://dekiru.net/
yprv2_609

練習用ファイル
6-9.prproj

1カメ

2カメ

146ページで解説したマルチカメラ編集を使って1カメと2カメを切り替えることもできますが、ここでは各クリップをトリミングすることで表示を切り替える方法を解説します。

V2トラックのクリップをカットして
カメラの表示を切り替える

タイムラインの［V1］トラックには1カメで撮影されたクリップ、［V2］トラックには2カメで撮影されたクリップが配置されています。クリップが重なっているため1カメの動画は表示されていません。
［V2］トラックのクリップをシーンごとにカット（非表示）して、1カメと2カメのシーンが切り替わるように編集します。

① 練習用ファイル「6-9prproj」を開きます（レッスン8の続きから進めることもできます）。動画を再生してインタビューの内容を聞きながら、切り替えるタイミングを決めていきます。たとえば、最初のシーンで「湘南茅ヶ崎〜」というセリフから1カメに切り替えたい場合は、［V2］の［Interview_01.mp4］の右端をそのセリフが始まる前（「00:00:07:00」）までドラッグ＆ドロップしてカットします①。

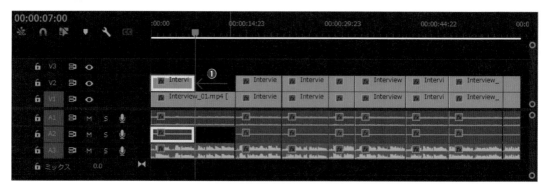

② カットされた箇所は［V1］トラックのクリップが表示されるので、再生するとカメラが切り替わったように表示されます。

「デコパージュで暮らしに色どりを、をテーマに……」　「湘南茅ヶ崎と……」

ここが重要！

③ ほかのシーンも同じように、タイミングを見てカットしていきます。

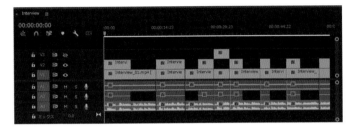

ここでは、以下のように表示が切り替わるカット編集をしました。

1つめのシーン
「湘南茅ヶ崎〜」というセリフから1カメ

2つめのシーン
2カメ

3つめのシーン
「小物や〜」というセリフから2カメ

4つめのシーン
1カメ

5つめのシーン
「自分好み〜」というセリフから1カメ

6つめのシーン
「それぞれのスタイルを活かした〜」というセリフから1カメ

7つめのシーン
「そして今の暮らし〜」というセリフから1カメ

8つめのシーン
2カメ

ここがPOINT

編集のコツ

右の画面（上）のように、同じカメラのシーンが並ぶとカメラは切り替わっていないのに映像が飛んでしまったような印象を受けます。なるべく1カメと2カメが交互になるように編集しましょう。

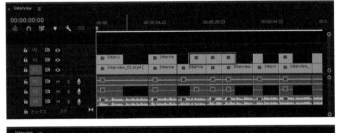

この場合は、画面（下）のように、並んだ真ん中のクリップを［V3］トラックに移動して［V3］トラックを非表示にしましょう。

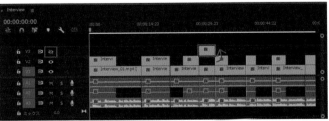

削除ではなく非表示にすることで、「やっぱり違うカメラのクリップにしたい」となったときでもすぐ変更できます。

BGMを挿入する

①
[プロジェクト]パネルの[BGM_03.mp3]を[A4]トラックの0秒の位置にドラッグ＆ドロップします❶。
オーディオトラックが足りない場合は下の「ここがPOINT」を参考にトラックを追加しましょう。

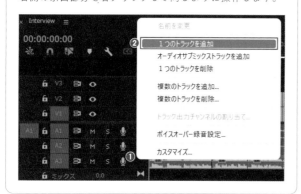

――――― ここがPOINT ―――――

オーディオトラックを追加するには？

オーディオトラックのマイクのアイコン🎤の右側の余白を右クリックして❶、[1つのトラックを追加]をクリックします❷。ビデオトラックを追加する場合は、ビデオトラックの右側の余白部分を右クリックして同じように操作します。

> BGMが加わると一気に仕上がりの雰囲気が見えてきます。BGMクリップのカットは最後にやるので、この状態で次のレッスンに進みましょう。

＼できた！／ 再生してカメラの切り替えがうまくできているか確認しましょう。

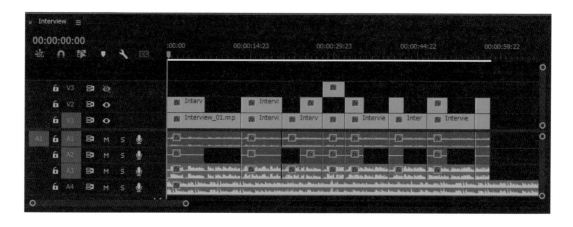

CHAPTER 6

LESSON
10

#インサートクリップ

プロモーション動画をつくろう（インサートクリップの配置）

動画でもチェック！

https://dekiru.net/yprv2_610

練習用ファイル
6-10.prproj

インタビュー素材だけでは動画は成立しません。インタビューとは別に撮影したクリップをインサート（挿入）クリップとして、インタビュー音声に合わせて配置していきましょう。

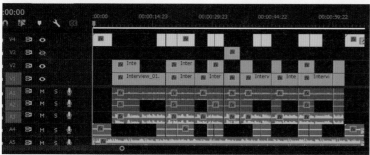

インタビューの間にさまざまなシーンを挿入して、印象深い動画に仕上げていきます。
また、オープニングやエンディングをつくっていくことで、動画のクオリティもぐっと上がります。

オープニング部分の余白をつくる

インタビューシーンの前にオープニングシーンを挿入していきます。まずはタイムラインにオープニングシーンのため5秒間の余白を作成します。また、新しくクリップを挿入するため、オーディオトラックを追加し、BGMのクリップを移動します。

① 練習用ファイル「6-10.prproj」を開きます（レッスン9の続きから進めることもできます）。再生ヘッドを「00:00:05:00」の位置に移動し❶、BGM以外のクリップを再生ヘッドの位置へ移動します❷。

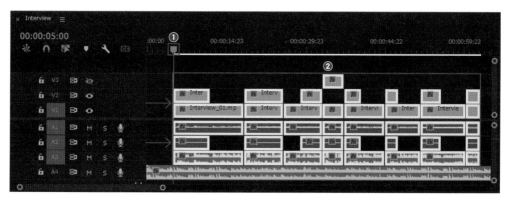

② [V4] トラック、[A5] トラック
を追加します❸。

トラックの追加 ➡ 264ページ

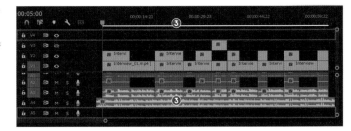

③ 新しく追加した [A5] トラック
に BGM を移動します❹。

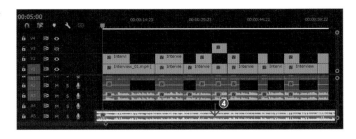

オープニングのクリップ
を配置する

5秒間の余白にぴったり収まるように
クリップを配置します。

① [インサート] ビンを開きます
❶。

② [インサート] ビンにある [PV_01.mp4] を [V4] トラックの0秒の位置に配置し
ます❷。

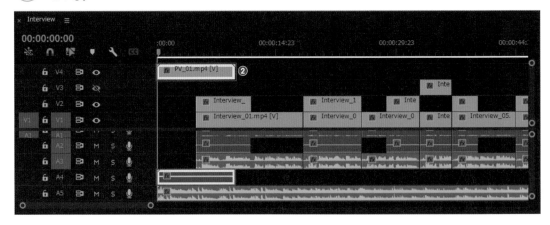

あけておいた [A4] トラック
に [PV_01_.mp4] の音声が
配置されます。

③ 追加した［PV_01.mp4］を「00:00:05:00」の位置でカットします❸。

④ ［PV_01.mp4］を黄褐色にします❹。

クリップの色変更 ➡ 244ページ

今回はオープニングクリップを1つにしましたが、オープニングは動画の印象を左右する大事なシーンです。つくりたい動画の雰囲気に合わせてクリップを組み合わせたりタイトルを入れたりして工夫しましょう。

インタビューの上にインサートするクリップを配置する

インタビュー音声を聞きながら、［V4］トラックにセリフに合ったインサートクリップを配置していきましょう。
たとえば、セリフでデコパージュの作業内容を説明している箇所には、デコパージュの作業シーンのクリップを配置します。配置したクリップは音声に合わせてカットしていきましょう。

① ここでは以下のタイミングでそれぞれのクリップを配置し、適切な箇所でカットしました。カットしたクリップは、色を黄褐色にしています。

セリフ「〜デコパージュ教室を開催しています。」
　インサートクリップ→［PV_02.mp4］❶

セリフ「デコパージュとは〜手工芸です。」
　インサートクリップ→［PV_03.mp4］❷、［PV_04.mp4］❸

セリフ「小物や〜楽しみます。」
　インサートクリップ→［PV_05.mp4］❹、［PV_06.mp4］❺

セリフ「自分好みに〜つくれます。」
　インサートクリップ
　→［PV_07.mp4］❻、［PV_08.mp4］❼

セリフ「ヨーロッパの〜暮らしに馴染む」
　インサートクリップ
　→［PV_09.mp4］❽、［PV_10.mp4］❾

今回のインタビューとインサートのクリップは内容がとてもわかりやすいものだと思います。話の内容を聞けばイメージがつくと思うので、練習の意味で自由にトライしてみましょう！

エンディングのクリップを配置する

オープニングと同じように、インタビューが終わったあとも、イメージ映像としてクリップを挿入していきます。

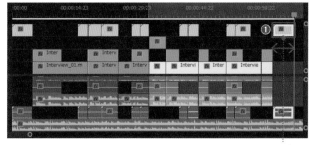

5秒

(1) インタビューのクリップの終点の位置に、[PV_11.mp4] を配置し、5秒間ほどでカットします❶。

エンディングを演出する

クリップやBGMをフェードアウトさせます。

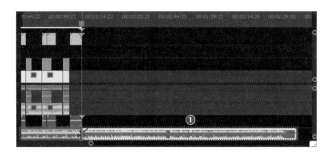

あとちょっと！
(1) エンディングクリップに合わせて [A5] トラックのBGMクリップをカットします❶。

(2) BGMクリップを選択し❷、[Shift] + D キーを押して [コンスタントパワー] を適用します。
デュレーションの長さは6秒に変更します。

デュレーションの設定 → 217ページ

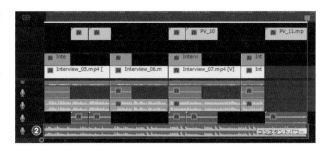

(3) [PV_11.mp4] クリップの右端を右クリックして [デフォルトのトランジションを適用] をクリックします❸。

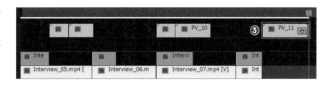

＼できた！／ インタビューの間にイメージ映像が挿入され、印象的な動画になりました。

エンディングの映像

LESSON
11

#エッセンシャルサウンド #トラックのミュート #キャプション

プロモーション動画をつくろう（音の調整）

動画でも
チェック！

https://dekiru.net/
yprv2_611

練習用ファイル
6-11.prproj

プロモーション動画づくりの最後のレッスンは「音の調整」です。ノイズを消したり、インタビューの音声に合わせてBGMの音量を調整したりしていきます。

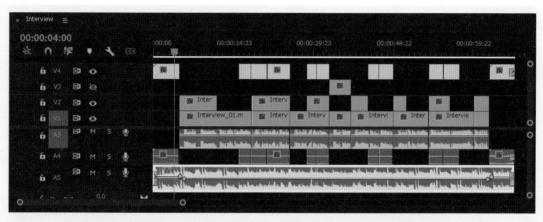

169ページで解説したように、エッセンシャルサウンドの機能を使って、音声を個別に調整していきます。動画を構成する素材も多くなってきたので、特定の素材だけを編集する方法も身につけましょう。

特定の音だけ編集する

音声トラックが複数ある場合は、編集したいトラック以外を消音（ミュート）することで、編集しやすくなります。ここでは［A3］トラックのインタビュー音声だけを編集したいので、それ以外の音をミュートします。

① 練習用ファイル「6-11.prproj」を開きます（レッスン10の続きから進めることもできます）。［A3］トラックの［S］をクリックして［ソロトラック］をオンにします❶。

ここがPOINT

［ソロトラック］と
［トラックをミュート］

［ソロトラック］をオンにすると、そのトラック以外の音がミュート（消音）されます。特定のトラックの音だけ調整したい場合はオンにしましょう。逆に特定のトラックだけをミュートにしたい場合は［トラックをミュート］ M をオンにします。

インタビュー音声を聞き取りやすくする

エッセンシャルサウンド機能を使って、[A3] トラックにあるインタビュー音声の音量を調整し、ノイズを取り除いていきます。

①
[エッセンシャルサウンド]パネルを表示し❶、[編集]をクリックします❷。

エッセンシャルサウンド ➡ 170ページ

②
[A3] トラックの音声をすべて選択し❸、[エッセンシャルサウンド] パネルの[会話]をクリックします❹。

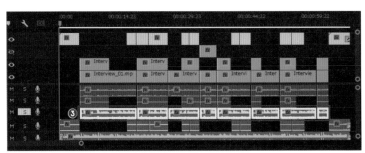

③
[ラウドネス]を開き❺、[自動一致] をクリックします❻。

ラウドネス ➡ 172ページ

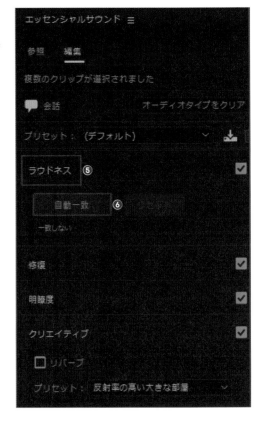

④ 波形が変わり、音量が全体的に小さくなったことを確認します。

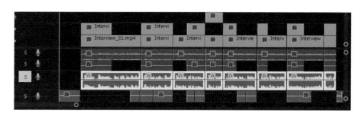

ノイズを除去する

① [修復]を開き❶、[ノイズを軽減]❷と[雑音を削減]にチェックを入れ❸、数値をそれぞれ「1.5」くらいに調整します❹。

修復機能 ➡ 173ページ

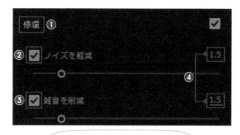

あまり強くかけすぎるとノイズ以外の声の部分も削ってしまうので、やりすぎには注意が必要です！

インタビューに合わせてBGMの音量を調整する

① [A3]トラックの[S]をクリックし、[ソロトラック]をオフにします❶。

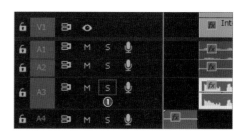

② [A5]トラックのBGMクリップを選択し❷、[エッセンシャルサウンド]パネルの[ミュージック]をクリックします❸。

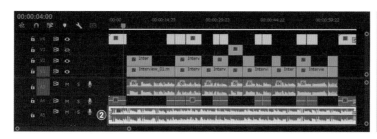

③ [ダッキング]にチェックを入れ❹、[キーフレームを生成]をクリックします❺。

ダッキング ➡ 169ページ

④ キーフレームが生成されたことを確認します❻。
インタビュー音声がないところはBGMの音量が大きく、あるところは小さく
なっていくように設定されました。

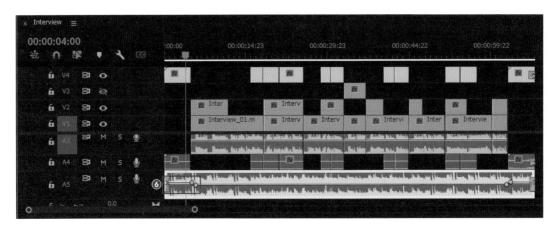

＼できた！／ 再生し、インタビュー音声とBGMのバランスを確認しましょう。
BGMの音量は［クリップボリューム］のスライダーを動かすことでも調
整できます❼。

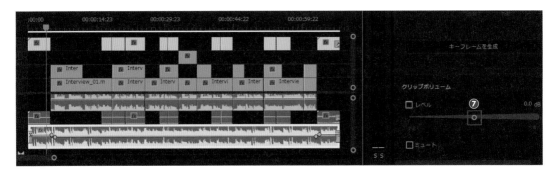

プロモーション動画はこれで完成で
す。お好みでテキストやお店のロゴ
などを配置するとさらにクオリティ
が高い素敵な動画になります。

ここがPOINT

ダッキングってどういう意味？

第4章のレッスン16でも解説したように、ダッキングを使うと、ターゲットとする音声
が再生されるタイミングで、自動的にBGMの音量を下げられるようになります。この
ダッキング、もともとボクシングの技の1つで、アヒルが水面で浮いたり潜ったりする
ように、相手のパンチを潜り抜けるというところから名付けられたものです。アヒル＝
ダック（duck）が語源ということですね。
Premiere Proで使われている用語は、日常的に馴染みの少ないカタカナ語が多いため、
難しく感じてしまいます。そういうときは、その言葉の本来の意味を調べてみることを
おすすめします。意味がわかると、その機能の内容もすっと理解できるようになるもの
です。

● **自動文字起こしからキャプションを
つけてみよう**

レッスン6〜11にかけて作成したプロモーション動画に、自動文字起こし機能を使ってキャプションをつけてみましょう。

① [テキスト]パネルを表示します❶。
[キャプション]タブをクリックし❷、
[文字起こしからキャプションを作成]ボタンをクリックします❸。

② [キャプションの作成]ダイアログボックスが表示されるので[文字起こしの環境設定]を展開し❹、[言語]を[日本語]❺、[スピーカーのラベル付け]を[はい、スピーカーを区別します]に設定します❻。
[トラック上のオーディオ]はピンマイクの音声クリップが配置されている[オーディオ3]を選択し❼、[文字起こしとキャプションの作成]ボタンをクリックします❽。

オーディオは一番音声がはっきりと聞こえるものを選びましょう。

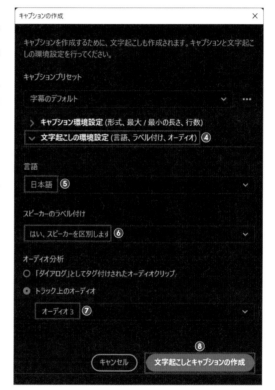

③ 自動でキャプションが生成されました。
文字の修正や装飾などは第4章のレッスン18、レッスン19を参考に行いましょう。

カット編集が終わったあとに、キャプションを入れたい場合にはこの方法が便利です。

個人で動画制作の仕事をこなすうえで考えてきたこと

機材の小型化やそれに伴うコスト減、通信の進化、時代背景などが相まって最近はフリーランスの映像クリエイターがとても増えてきました。書籍やインターネットから技術を学び、フリーランスになる人も多いです。しかしいくら技術があっても、第5章のコラムで述べたように、そこから仕事につなげるにはSNSなどを活用してブランディングを図るといった日々の積み重ねが大切です。当然ですが発信するだけではなく、いかに映像制作で困っている人を見つけ出すかというのも必要な作業になってくるでしょう。

個人で動画制作を仕事にしていくということは、ほかの業種と同じく、まさにビジネスとしてしっかり考えることが非常に大切です。とはいってもフリーランスの場合、制作に時間をとられてしまって営業をする時間がなかなか確保できないのも事実です。

私はビデオグラファーとして独立した当時、「いかに営業をしないでも仕事を獲得できるか」という部分に重きを置いて活動していました。つまり、新規からどれくらい「リピート・紹介」といった流れをつくることができるかを重視していたのです。そのために「何をもってプロジェクトの成功と呼ぶのか」という定義をつくり、それをしっかり意識しました。

通常、動画制作の依頼があれば、その依頼内容に沿って制作して納品します。その作品が依頼主が求める効果を出せたかどうかはもちろん重要ですが、私の場合は効果が出たとしてもそれを「プロジェクトの成功」とは呼びません。ではどうなったらプロジェクトの成功と呼ぶのか？ 私はリピートの依頼が来てはじめてプロジェクトが成功したと判断します。

リピートの依頼は、前プロジェクトで効果がしっかり出て、かつそのプロジェクト期間中に次の企画の提案（種まき）を行ったことによる結果です。「〇〇さんに依頼したから、当初の問題が解決された。だから次もぜひお願いしたい」。この流れができてはじめてプロジェクトの成功と考えています。逆にリピートや紹介につながらないのは、クリエイター側に問題があったと考えるのが妥当です。

制作した作品によって問題が解決され、依頼主に利益（金銭やそれ以外でも）をもたらすことができれば、あなたの提案内容によっては高確率で次の依頼をつくり出せます。その流れができれば、新規営業にかけていた時間やリソースを制作に当てられるようになります。決して簡単ではありませんが、個人で仕事を請け負っていくうえでは考えなければいけないことなので、ぜひ参考にしてみてください。

MORE

ステップアップに役立つ知識

困ったときに使えるトラブルシューティングや
効率的な操作に必須のショートカットキー、動画の魅力を高める素材サイトなど、
知っておくと役立つ知識をまとめました。

困ったときは

Premiere Proで起こりやすいトラブルとその解消法や、知っておくと便利な操作のコツについ
てまとめています。

[メディアをリンク]ダイアログ
ボックスが表示されたら

プロジェクトファイルと、プロジェクトファ
イルに読み込んだ素材はリンクされた状態に
なっています。そのため、素材の保存先を変更
したり、名前を変えたりするとリンクが切れて
しまいます。プロジェクトファイルを開いた
ときに[メディアをリンク]という画面が表示
されたときは、次のように操作してリンクしな
おします。

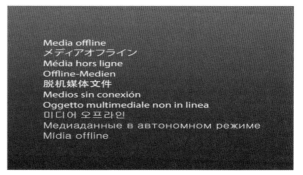

読み込み後にクリップの置き場所を変更したためリンクが切れてし
まった状態。リンク切れのクリップは赤く表示される

① [メディアをリンク]ダイアログボックスに、リンクが切れた素材のファイル名
が表示されるので❶、[検索]ボタンをクリックします❷。素材の場所を指定し
❸、該当クリップを選択し❹、[OK]ボタンをクリックします❺。

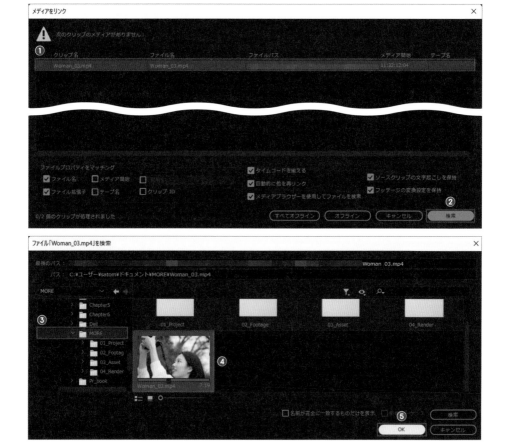

動作が重く、プレビューがスムーズに再生されない

編集作業をしていて動作が重いと感じたら、まずはプレビュー画面の解像度を下げて
みましょう。

① ［ソースモニター］パネルの解像度❶や［プログラムモニター］パネルの解像度
を［1/4］や［1/2］に変更します❷。解像度が下がり、PCへの負荷が減ります。

解像度を変更しても動作が重い

［ソースモニター］パネルや［プログラムモニター］パ
ネルの解像度を変更しても動作が改善されない場合は
ハードディスクの空き容量が少なくなっている可能性
があるので、キャッシュを削除します。

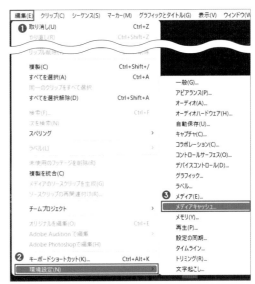

① ［編集］メニュー❶→［環境設定］❷→［メディア
キャッシュ］（Macの場合は［Premiere Pro］メ
ニュー→［設定］→［メディアキャッシュ］）をク
リックします❸。
［メディアキャッシュファイルを削除］の［削
除］ボタンをクリックし❹、［未使用のメディア
キャッシュファイルを削除］を選択して❺、［OK］
ボタンをクリックします❻。

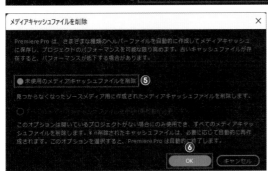

> 動作が重いと感じる原因はさまざまで
> す。まずは簡単にできる対処法として
> ここに挙げた操作を試してみましょう。

特定のプロジェクトだけ保存／終了したい

複数のプロジェクトファイルを開いている状態で、特定のプロジェクトファイルだけ
保存や終了したい場合は［プロジェクト］パネルから操作します。

(1) ［プロジェクト］パネルの［＞＞］をクリックし❶、プロジェクトファイルを選択
します❷。［プロジェクト］パネルのプロジェクト名の▤を右クリックし❸、［プ
ロジェクトを閉じる］❹や［プロジェクトを保存］をクリックします❺。

ワークスペースのレイアウトが崩れてしまった

ワークスペースのレイアウトが崩れてしまい、操作しづらい
こともあるでしょう。そういった場合はワークスペースを
初期状態に戻しましょう。

(1) ［ワークスペース］ボタンをクックし❶、［保存したレ
イアウトにリセット］をクリックします❷。

クリップの映像と音を分けたい

タイムラインのクリップの映像と音声を分けてカット編集し
たい場合は、クリップのリンクを解除します。

(1) クリップを右クリックし❶、［リンク解除］をクリッ
クします❷。
解除することで映像と音声が分かれ、それぞれ好き
な位置に配置できます。

素材を指定したトラックに貼り付けたい

素材をコピーして別のトラックに貼り付けたい場合、貼り付け先のトラックを指定する必要があります。

① たとえば［V2］トラックの素材を［V4］トラックに複製したい場合、［V4］トラックをクリックして**❶**、トラックターゲットを［V4］だけの状態にします。
その状態で素材を選択し**❷**、［編集］メニューの［コピー］をクリックします。そして［編集］メニューの［ペースト］をクリックすると、［V4］トラックの再生ヘッドの位置に素材が貼り付けられます**❸**。

モニターで表示されている映像を画像として保存したい

プログラムモニターでプレビュー表示されている映像を画像として保存したい場合、［フレームを書き出し］で保存できます。

① ［プログラムモニター］パネルで書き出したい位置に再生ヘッドを移動し**❶**、［フレームを書き出し］ボタンをクリックします**❷**。
［フレームを書き出し］ダイアログボックスが表示されるので［名前］**❸**、［形式］**❹**、保存場所を指定して**❺**、［OK］ボタンをクリックします**❻**。

ヘッドホンから音が出ない

PCにヘッドホンをつないでいるのに、ヘッドホンから音が聞こえない場合は[環境設定]から設定を変更します。

① [編集]メニュー❶→[環境設定]❷→[オーディオハードウェア](Macの場合は[Premiere Pro]メニュー→[設定]→[オーディオハードウェア])をクリックします❸。
[デフォルト出力]から指定するヘッドホンを選択し❹、[OK]ボタンをクリックします❺。

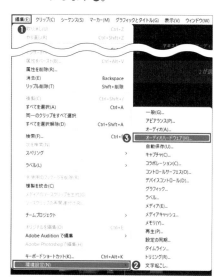

そのほかのトラブルを解決する方法

Premiere Proの操作で困ったときは、Adobe Support Community(アドビサポートコミュニティ)で、トラブルの解決方法を探せます。Adobe Support Communityでは、Adobe製品の使い方についての質問や、ユーザー同士での情報交換も可能です。
Adobeのアカウントを持っていれば利用できるので、ぜひ活用してみましょう。

Adobe Support Communityサイトのホーム画面
https://forums.adobe.com/community/

ショートカットキー一覧

Premiere Proの操作効率がアップする基本的なショートカットキーを紹介します。

ショートカットキーの使い方

パネル内を操作するショートカットキーは、そのパネルを選択した状態で機能します。なお、Macの場合は、Ctrl は ⌘、Alt は option、Delete は Back space、Enter は return に置き換えてください。このルールに当てはまらない場合は( )内に記してあります。

※並び順は、メニュー項目の並び順になっています。

●ファイル操作に関するショートカットキー

目的	キー操作
プロジェクトを新規作成する	Ctrl + Alt + N
シーケンスを新規作成する	Ctrl + N
ビンを新規作成する（Macのみ）	⌘ + /
プロジェクトを開く	Ctrl + O
プロジェクトを閉じる	Ctrl + Shift + W
上書き保存	Ctrl + S
別名で保存	Ctrl + Shift + S
コピーを保存	Ctrl + Alt + S
[読み込み]ダイアログボックスを表示する	Ctrl + I
[書き出し設定]ダイアログボックスを表示する	Ctrl + M
Premiere Proを終了する	Ctrl + Q

●編集に関するショートカットキー

目的	キー操作
直前の操作を取り消す	Ctrl + Z
直前の操作をやり直す	Ctrl + Shift + Z
カットする	Ctrl + X
コピーする	Ctrl + C
貼り付ける	Ctrl + V
再生ヘッドの位置に挿入して貼り付ける	Ctrl + Shift + V
消去する	Delete
リップル削除する	Shift + Delete
すべてを選択する	Ctrl + A
すべてを選択解除する	Ctrl + Shift + A
検索する	Ctrl + F
キーボードショートカットを表示する	Ctrl + Alt + K

●クリップを操作する

目的	キー操作
[クリップ速度・デュレーション]ダイアログボックスを表示する	Ctrl + R
グループ化する	Ctrl + G
グループ解除	Ctrl + Shift + G
選択項目を削除する	Delete
選択したクリップを左に5フレーム移動する	Alt（⌘）+ Shift + ←
選択したクリップを左に1フレーム移動する	Alt（⌘）+ ←
選択したクリップを右に5フレーム移動する	Alt（⌘）+ Shift + →
選択したクリップを右に1フレーム移動する	Alt（⌘）+ →
リップル削除する	Alt + Back space

●マーカーに関するショートカットキー

目的	キー操作
インをマークする	I
アウトをマークする	O
インへ移動する	Shift + I
アウトへ移動する	Shift + O
インを消去する	Ctrl + Shift + I（option + I）
アウトを消去する	Ctrl + Shift + O（option + O）
インとアウトを消去する	Ctrl + Shift + X（option + X）
マーカーを追加する	M
次のマーカーへ移動する	Shift + M
前のマーカーへ移動する	Ctrl + Shift + M

●マーカーに関するショートカットキー

目的	キー操作
現在のマーカーを消去する	Ctrl + Alt + M (option + M)
すべてのマーカーを消去する	Ctrl + Alt + Shift + M (option + ⌘ + M)

●プレビューに関するショートカットキー

目的	キー操作
再生／停止する	Space
イン点から再生する	Enter
シャトル再生する	L (2回押すと倍速再生)
シャトル再生（巻き戻し）する	J (2回押すと倍速再生)
シャトル再生を停止する	K

●グラフィックの選択に関する ショートカットキー

目的	キー操作
前面のグラフィックを選択する	Ctrl + Alt +]
背面のグラフィックを選択する	Ctrl + Alt + [
選択したグラフィックを 最前面へ移動する	Ctrl + Shift +]
選択したグラフィックを前面へ 移動する	Ctrl +]
選択したグラフィックを 最背面へ移動する	Ctrl + Shift + [
選択したグラフィックを背面へ 移動する	Ctrl + [

●ワークスペースとパネルの表示を切り替える

目的	キー操作
現在のワークスペースを リセットする（Macのみ）	option + Shift + 0
［オーディオクリップミキサー］ を表示する	Shift + 9
［オーディオトラックミキサー］ を表示する	Shift + 6
［エフェクトコントロール］ パネルを表示する	Shift + 5
［エフェクト］パネルを表示する	Shift + 7
［メディアブラウザー］を表示する	Shift + 8
［プログラムモニター］パネル を表示する	Shift + 4
［プロジェクト］パネルを表示する	Shift + 1
［ソースモニター］パネルを表 示する	Shift + 2
［タイムライン］パネルを表示する	Shift + 3

●ツールの切り替え

目的	キー操作
選択ツール	V
トラックの前方選択ツール	Shift + A
トラックの後方選択ツール	A
リップルツール	B
ローリングツール	N
レート調整ツール	R
レーザーツール	C
スリップツール	Y
スライドツール	U
ペンツール	P
手のひらツール	H
ズームツール	Z

●プロジェクトパネルの操作に関する ショートカットキー

目的	キー操作
新規ビンを作成する	Ctrl + B
削除する	Delete
リスト表示にする	Ctrl + Page Up
アイコン表示にする	Ctrl + Page Down
ソースモニターで開く	Shift + O

●そのほか便利なショートカットキー

目的	キー操作
ヘルプを表示する	F1
カメラ1へカットを切り替える	Ctrl + 1
カメラ2へカットを切り替える	Ctrl + 2
カメラ3へカットを切り替える	Ctrl + 3

素材サイトを利用してみよう

動画を制作するうえで役立つ素材サイトを、いくつか紹介します。BGMやテンプレートなど素材サイトからダウンロードして使うことで、表現の幅もぐっと広がります。

Adobe stock （https://stock.adobe. com/jp/）

写真、グラフィック素材、ベクター素材、動画素材、イラストやテンプレートなどさまざまなコンテンツをダウンロードできます。Adobeのアプリと連携しているため、使い勝手がよいのが特徴です。

Shutter Stock （https://www.shutterstock.com/ja/）

写真、ベクター素材や動画素材、音楽素材などがダウンロードできるサイトです。最大の特徴は素材数の多さで、現在4億点以上の素材が提供されています。世界中の寄稿者による高品質な素材を利用できます。

Pixta （https://pixta.jp/）

日本最大級の素材ダウンロードサイトで、アマチュアからプロまでさまざまな人が撮影した幅広い素材を利用できます。日本人をモデルにした人物素材や風景素材が多いのも特徴です。

Artlist （https://artlist.io/jp/）

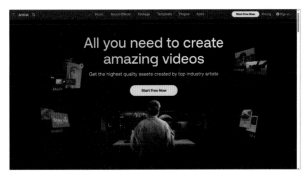

本格的な映像制作をするクリエイターも活用する、海外発の音楽素材がダウンロードできるサイトです。特定の曲の検索はもちろん、Mood（ムード）、Video theme（ビデオテーマ）、Genre（ジャンル）、Instrument（楽器）などから簡単に目的にあった音を探すことができます。

※掲載した情報は2023年6月時点のものです。
各サービスの利用規約などは、変更されている可能性があるので、最新のものをご確認のうえご利用ください。

索引

■著者

金泉　太一（かないずみ　たいち）

ビデオグラファー。

デジタルハリウッドSTUDIO渋谷の動画講師。DaVinci Resolve オフィシャル認定トレーナー。

企業VPやMVなど多岐分野で撮影編集をワンストップで制作するCross Effectsを主宰。

大学卒業後、カナダのトロントでダンサーとして活動し、MVやイベントに出演。帰国後は某広告代理店にて海外事業及び飲食・アミューズメント系のセールスプロモーションを担当。故郷の東日本大震災被災後、ビデオグラファーとして独立。出演する側・依頼する側・制作をする側の三側面を経験したことから、ワンストップでの制作を得意とするビデオグラファーとして活動している。大企業から中小企業、個人まで幅広いクライアントを抱え、2017年には年間140本の映像を制作する。

■STAFF

カバー・本文デザイン	木村由紀（MdN Design）
カバーイラスト	fancomi
DTP制作・校正	株式会社トップスタジオ
制作担当デスク	柏倉真理子
デザイン制作室	高橋結花
	鈴木　薫
制作協力	野々村泰佑
BGM制作	田淵　豪
ライトリークス素材提供	ZUMI
モデル	Atelier Maison de la Mer HIROKO
	植杉佳代
	吉澤洋美
編集	浦上諒子
副編集長	田淵　豪
編集長	藤井貴志

■商品に関する問い合わせ先

このたびは弊社商品をご購入いただきありがとうございます。本書の内容などに関するお問い合わせは、下記のURLまたは二次元バーコードにある問い合わせフォームからお送りください。

https://book.impress.co.jp/info/

上記フォームがご利用いただけない場合のメールでの問い合わせ先
info@impress.co.jp

※お問い合わせの際は、書名、ISBN、お名前、お電話番号、メールアドレス に加えて、「該当するページ」と「具体的なご質問内容」「お使いの動作環境」を必ずご明記ください。なお、本書の範囲を超えるご質問にはお答えできないのでご了承ください。

●電話やFAXでのご質問には対応しておりません。また、封書でのお問い合わせは回答までに日数をいただく場合があります。あらかじめご了承ください。
●インプレスブックスの本書情報ページ https://book.impress.co.jp/books/1122101181 では、本書のサポート情報や正誤表・訂正情報などを提供しています。あわせてご確認ください。
●本書の奥付に記載されている初版発行日から3年が経過した場合、もしくは本書で紹介している製品やサービスについて提供会社によるサポートが終了した場合はご質問にお答えできない場合があります。

■落丁・乱丁本などの問い合わせ先
FAX 03-6837-5023
service@impress.co.jp
※古書店で購入された商品はお取り替えできません。

Premiere Pro よくばり入門 改訂版（できるよくばり入門）

2023年8月21日　初版発行
2024年3月1日　第1版第2刷発行

著　者　金泉太一

発行人　高橋隆志

発行所　株式会社インプレス
　　　　〒101-0051　東京都千代田区神田神保町一丁目105番地
　　　　ホームページ　https://book.impress.co.jp/

印刷所　シナノ書籍印刷株式会社
ISBN978-4-295-01761-5 C3055

Printed in Japan